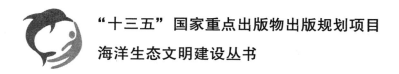

"十三五"国家重点出版物出版规划项目

海洋生态文明建设丛书

海洋生态文明区理论与定位分析

陈凤桂　蒋金龙　陈斯婷　方　婧　姜玉环　王金坑　编著

U0310059

海洋出版社

2018 年·北京

图书在版编目（CIP）数据

海洋生态文明区理论与定位分析/陈凤桂等编著 . —北京：海洋出版社，2017. 12

ISBN 978-7-5210-0009-2

Ⅰ . ①海…　Ⅱ . ①陈…　Ⅲ . ①海洋环境−生态环境建设　Ⅳ . ①X145

中国版本图书馆 CIP 数据核字（2017）第 321158 号

责任编辑：鹿　源　杨传霞

责任印制：赵麟苏

海洋出版社　出版发行

http：//www. oceanpress. com. cn

北京市海淀区大慧寺路 8 号　邮编：100081

北京朝阳印刷厂有限责任公司印刷　新华书店北京发行所经销

2018 年 1 月第 1 版　2018 年 1 月第 1 次印刷

开本：889mm×1194mm　1/16　印张：8.5

字数：260 千字　定价：50. 00 元

发行部：62132549　邮购部：68038093　总编室：62114335

海洋版图书印、装错误可随时退换

前　言

随着全球经济的发展，过度的攫取与破坏使得人类面临着越来越严峻的生态环境形势。全球性生态环境恶化是人类长期活动积累的结果，人口、经济、科学技术等因素都直接或间接地造成了生态环境的恶化，究其根本原因都与人类行为的失当有关。人与自然的关系取决于人对自然的态度，反思人类过去的行为，在人与自然的关系上树立正确的价值观，并制定正确的行动纲领，是人类长期面临的一项重大课题[1]。

我国是近半个世纪以来发展速度最快的新兴经济体之一。在全球化浪潮的洗礼下，我国的生产体系在改革开放以后很快被引入了西方国家工业文明资源大量消耗和环境超强污染的"围城"之中，促进工业和城市化发展的工作方式进一步加深了社会发展与资源环境的矛盾关系[2]。人口、经济、环境、资源等问题已经成为党和政府以及全国人民肩负的紧迫而艰巨的任务。

1992 年世界环境与发展大会通过了《21 世纪议程》后，中国政府亦在 1994 年审议通过了《中国 21 世纪议程》，履行了中国政府对《21 世纪议程》等文件做出的庄严承诺。党的十七大报告首次把"生态文明"写进党的代表大会整治报告，"建设生态文明，基本形成节约能源资源和保护生态环境的产业结构、增长方式、消费模式"，这充分体现了生态文明对中华民族生存的重要意义。党的十八大报告更是强调了生态文明建设的重要意义和紧迫性。党的十八大报告明确提出"把生态文明建设放在突出地位，融入经济建设、政治建设、文化建设、社会建设各方面和全过程"，首次把生态文明建设摆在总体布局的高度来论述，表明了党和政府对生态文明建设的重视。

2015 年 5 月，中共中央、国务院发布了《关于加快推进生态文明建设的意见》，该意见在进一步强调生态文明建设重要性的同时，对在实践层面加快推进生态文明建设提出了具体路径图。2015 年 9 月，中共中央政治局召开会议，审议通过了《生态文明体制改革总体方案》（以下简称《方案》）。作为生态文明领域改革的顶层设计，引领生态文明建设纲领性方案,《方案》对于我国生态文明建设具有重要的战略意义。进行生态文明体制的改革,是适应生态文明建设的需要,也是推进生态文明建设的重大步骤。

党的十九大报告进一步勾画"绿色路线图",开启生态文明建设新时代。指出"加快生态文明体制改革,建设美丽中国的四大策略:推进绿色发展、着力解决突出环境问题、加大生态系统保护力度、改革生态环境监管体制",推动形成人与自然和谐发展现代化建设新格局。

在全面建设生态文明的大背景下,作为生态文明建设重要组成部分的海洋生态文明也得到了相应的重视。海洋是资源的宝库,在海洋中蕴藏着丰富的生物资源、化学资源、矿产资源、动力资源、水资源以及空间资源等,开发海洋资源、发展海洋产业、拓展生存和发展的空间势在必行。随着科学和技术的发展,人类对海洋的依赖程度越来越高,海洋与人类之间的相互影响也日益增大。资源在经济发展中的约束日益突出,对海洋资源、空间的依赖程度不断提高。海洋生态文明建设是转变海洋经济发展方式的内在要求,是促进海洋经济可持续发展的有效举措,是发展集约型经济、调整产业结构和加快发展方式转型的必经之路。

当前海洋生态文明建设面临的主要问题包括以下方面。

(1)部分沿海地区海洋经济发展方式粗放,产业结构不平衡,产业布局不尽合理。当前海洋产业结构不平衡,三次产业比为 5:44:51[3],传统产业多、新兴产业少、高耗能企业多、低排放产业少,上下游产业链延伸不够,产业同质化现象严重。一些高风险、高排放、高污染产业在重要海洋生态区域附近布局,海洋环境风险加大,产业布局与陆域、海域资源环境承载力不相协调的矛盾仍然存在。

(2)近远海开发格局不均衡,近海开发强度高,远海开发能力不足。目前,绝大部分海洋开发利用活动集中在海岸带和近岸海域,开发密度高、强度大,海岸人工化趋势明显,可供开发的海岸线和近岸海域后备资源不足;工业和城镇建设围填海规模增长较快,部分围填海区域利用粗放;陆地与海洋开发衔接不够,沿海局部地区开发布局与海洋资源环境承载能力不相适应,而远海资源受制于勘探开发和开采技术能力不足等问题,仍然没有得到有效开发。

(3)海洋生态环境保护压力不断加大,近岸海域环境形势严峻。我国海洋环境形势不容乐观,近岸海域环境污染状况并未得到根本改善,陆源排海污染物总量居高不下；近岸典型海洋生态系统处于亚健康和不健康状态的占76%[4]。近岸海洋生态系统结构和功能严重退化，生物多样性持续减少，海洋生态灾害持续增多；重大海上溢油污染风险不断加大，赤潮、绿潮、海岸侵蚀、海水入侵等危害严重；近海渔业资源捕捞过度，海洋渔业资源衰退严重。过度的开发利用活动导致自然岸线和滨海滩涂对自然灾害的缓冲、屏障能力严重下降，加之气候变化对海洋生态系统的影响逐步显现，台风、风暴潮、海啸、巨浪、海冰等海洋自然灾害造成的损失持续增大，海洋灾害造成的直接经济损失急剧增加。

（4）部分政府、企业和公众海洋生态文明意识有待提高。部分政府、企业和公众对海洋生态文明和可持续发展重要性的认识仍有待提高，重海洋资源开发、轻海洋环境保护的意识不同程度地存在，蓝色发展、低碳发展的发展理念和绿色消费观念仍未有效树立，危害海洋可持续发展的行为仍不同程度地存在。重大海洋开发活动决策和海洋环境保护活动中，公众参与的力度还有待提升，社会和舆论监督的程度还有待加强。

综上所述，可以看出海洋生态文明建设的重要性与紧迫性。海洋生态文明是生态文明的一个重要组成部分。人类社会的和谐稳定要求在充分保护海洋生态环境、遵循海洋生态规律的基础上，合理开发和利用海洋资源，谋求海洋经济的发展和海洋资源的充分利用，以海洋经济的发展促进海洋资源的保护，以建设海洋生态文明促进海洋经济更好的发展，力求开发与保护的良性互动，最终形成人类与海洋、人类与自然的共存与共荣。

由于人海关系的特殊性，人类开发利用海洋，而生活在陆地上，因此我们讲海洋生态文明，必须包含特定的陆域和海域范围，即以海岸线为基准，向陆一定范围作为陆域边界，向海一定范围作为海域边界。海洋生态文明区必须包含特定的陆域和海域范围。对于海洋生态文明区建设而言，首先需要明确什么是海洋生态文明，为什么要建设海洋生态文明区，海洋生态文明区建设的总体目标与定位是什么，如何建设海洋生态文明区等问题，这些问题都是海洋公益性行业科研专项"海洋生态文明区建设的评估指标体系构建与示范应用（201305023）"的子任务——"海洋生态文明区建设的理论研究与定位分析（201305023-1）"的主要研究内容，对这些问题的探寻有助于理解和把握建设海洋生态文明的主要脉络，对探索沿海地区经济社会与海洋生态环境相适应的科学发展模式具有重要意义。

　　为了更好地总结海洋公益性行业科研专项子任务"海洋生态文明区建设的理论研究与定位分析（201305023-1）"的研究成果，也对近年来关于海洋生态文明的相关研究成果进行总结与提炼，课题组从 2015 开始编写《海洋生态文明区理论与定位分析》书稿，历时三年完成。全书共分为七章：第一章阐述了生态文明的发展历程及社会文化基础；第二章论述了生态文明的生态学基础；第三章介绍了海洋生态文明的特征以及海洋生态文明的本质与内涵；第四章介绍了海洋生态文明区的界定与定位；第五章论述了海洋生态文明区建设与示范；第六章介绍了海洋生态文明示范区建设后评估；第七章介绍了未来的发展趋势及展望。

　　本书在课题组全体成员的几番讨论与修改下完成。前言、第四章、第六章由陈凤桂执笔，第一章由方婧、陈斯婷、姜玉环执笔，第二章由姜玉环执笔，第三章由陈凤桂、方婧执笔，第五章蒋金龙、陈凤桂执笔，第七章由陈凤桂、方婧执笔，全书由陈凤桂统稿完成。本书的编写，得到王金坑教授级高工的大力支持和指导，对全书的编写思路、章节安排、内容设置提出了宝贵意见，在此表示衷心的感谢！

　　海洋生态文明建设是一项长期任务、系统工程，是一个不断发展和进步的动态过程，本书的编写是对前一阶段研究的总结，也是一个全新的尝试。由于编者学术水平有限，本书定有许多不足之处，敬请读者不吝指正。

作者
2018 年 1 月 8 日

目　录

第一章 生态文明的发展历程及社会文化基础

第一节 西方生态文明发展历程及成果借鉴

人类文明史是一部人类与自然关系的宏大历史画卷。人类从来没有停止过对人与自然关系的思考和探索。人与自然本身就是一对矛盾，人与自然的关系是一个亘古的话题，它反映着人类文明与自然演化的相互作用的辩证过程。辩证唯物主义认为，人类既是自在世界的产物，又是自为世界的创造者。人类社会的发展历史也是人与自然从原始和解到分离、对立、对抗，再到和谐、协调、发展的历史。人与自然分分合合的矛盾发展关系告诉我们，人与自然关系必须和谐，只有保护自然，人类才能生存和发展。人类社会的生存发展依赖自然也改变自然，人类社会的文明进步影响着自然结构、功能与演化的过程。人与自然的辩证关系经历了由和谐到失衡，再到新的和谐的螺旋式上升的过程。

一、西方生态文明发展历程

（一）古代西方朴素的生态保护思想

古希腊文明体系是在一片肥沃的土地上发展农业，并以此为基础创立起来的。随着社会的发展，古希腊人经过了一段极度繁荣的发展时期。随着人口的增加，土地危机加剧，大量的植被被破坏和过度放牧，致使古希腊的生态环境严重恶化。公元前 590 年左右，梭伦（Solon，雅典当权改革派，成功后挂冠而去，被称为"希腊的贤人"）已经意识到雅典城邦的土地正变得不适宜种谷物，就极力提倡不要继续在坡地上种植农作物，提倡栽种橄榄、葡萄。几年之后，古雅典僭主庇西特拉图为了鼓励种植橄榄树，给雅典城邦的农民与地主颁发奖金。但是，为时已晚，那时雅典土壤的毁坏流失已到了无可挽回的悲惨境地。

古希腊思想家柏拉图、亚里士多德等也曾发出告诫：人类的发展要与环境的承载能力相适应，人口应当保持适度的规模。柏拉图以其敏锐的洞察力深刻地揭示出，如果生态环境受到破坏，那么今天的繁华之所到明天只将留下一些"荒芜了的古神殿"。[5]

在罗马共和国后期，公元前 60 年左右，哲学家兼诗人卢克莱修就已经认识到意大利的土壤侵蚀及地力耗竭的严重性。他指出：雨水与河流正在侵蚀耕地，冲蚀土壤，使土壤流失，随着水流入海洋；地力枯竭，大地正濒临死亡，农民们为了养活自己，不得不耕种更多的土地，进行更艰苦的劳动；国力也随之下降。与卢克莱修几乎同时代的另一位古罗马历史学家李维曾探讨过在公元开始的最初 10 年中，与罗马激烈作战达四个世纪之久的沃尔斯查、艾奎安、赫尼查众多军队的口粮和给养来自何方。因为，李维生活的时代，这些地区的土地是如此贫瘠，只能勉强供养着很少的人口。李维虽然没能从自然环境的破坏中找出原因，但是，也说明当时的有识之士已经纷纷探求人类如何合理利用脚下的土地进行生存的问题。

继承和发扬了古希腊、古罗马文明精华的西欧文明也是建立在一块保留着原始生产力的土地之上。总体来看，西欧的生态环境一直没有受到十分严重的毁坏，未威胁到西欧文明的延续。这主要有两个方面的原因：一是西欧大部分地区的气候十分有利于土壤的保持，适合于农业生产，特别是那些邻近大西洋和北海的地区具有典型的海洋性气候，帮助农民恢复了地力；另一方面是由于西欧人民长期以来付出了极大努力，不畏艰难困苦，实施各种适用措施，加固他们的文明赖以生存的自然基础。例如，西欧的农业生产始终分布在大部分较好的土地上，大片的林地从未被砍伐。现代的轮作制大约是 14—15 世纪期间起源于西欧国家。

西欧农业生产没有对生态环境造成大的破坏，但随着农业生产的发展而大量增加的城市却带来了污染问题，特别是在人口集中的大城市，某些污染问题已经相当严重。可以说，现代西方文明从一开始就遭受这种环境问题的影响，尽管此类环境问题区别于以前文明所产生的生态环境恶化。所以，严格地说，现代西方文明从开始阶段就不得不面对环境污染的挑战。例如，烟的公害就出现于 12—13 世纪的西欧。当时，英国烟害肆虐，已成公害。爱德华一世和爱德华二世时期，煤烟污染问题就已暴露出来，并有针对煤炭的"有害气味"进行的抗议。在理查德三世时期，鉴于煤炭燃烧产生的煤烟和气味，政府开始对煤炭的使用加以限制。

1661 年，约翰·伊凡林曾写过一本关于伦敦烟气的著作《驱逐烟气》。其中对伦敦烟气的描述如下："地狱般阴森的煤烟，从家庭的烟囱和啤酒厂以及石灰窑等地冒出来，伦敦有如西西里岛的埃特纳火山……这个光荣的古代城市，从木制到石砌，一直到用大理石建造，连遥远的印度洋都受它的支配。但是由于淹没在煤炭散发出来的浓烈的烟和硫之中，出现了恶臭和昏暗……在伦敦，历经许多世纪依然坚硬如磐的石和铁，因遭煤烟的腐蚀，如今已变得破烂不堪……伦敦居民不断吸入不洁净的空气，使肺脏受到损害。在伦敦，患有黏膜炎、肺结核和感冒的人很多。"但是，这些呼吁并没有引起足够的重视，直到工业革命后，各种污染已经相当严重，人们才逐渐觉醒，采取了各种措施，防治环境污染。

（二）工业革命时期对人与自然关系的反思

18世纪兴起的工业革命，曾经给人类带来了巨大的惊喜。伴随着工业文明的不断显现，人与自然的关系发生了巨大的改变。特别是科学技术的发展，使社会生产力有了质的飞跃，人类利用自然达到改造自然的力量空前加大，创造了前所未有的财富。工业文明强调人类征服自然、改造自然，以高速掠夺自然资源为价值取向，极大地推进了人类文明的发展，人类文明达到一个前所未有的高度。然而，工业革命给人类带来的不仅仅是欣喜，还有诸多意想不到的后果，甚至埋下了人类生存和发展的潜在威胁。当人类还陶醉在工业革命的伟大胜利时，环境污染和生态破坏已经加剧，特别是污染问题，随着工业化的不断深入而急剧蔓延，终于形成了大面积乃至全球性公害，污染又进一步加剧了生态的恶化。

工业革命以后，人类开发自然的能力有了质的飞跃，机器化大生产的出现和普及，使各类自然资源特别是不可再生的自然资源以空前的速度被消耗，同时产生大量对环境具有深远影响的工业废物，导致环境问题爆发式呈现。工业革命以前，人类对环境的影响还在生态系统承受能力范围之内。工业革命以后，生产力水平有了很大提高，加上人口因素的影响，人类对环境的干扰和破坏，无论是在范围上，还是在强度上，都远远超过农业社会。特别是第二次世界大战结束后，资本主义发达国家经济飞速发展，工业大规模扩张对资源的开发和利用达到空前的规模和程度，在局部地区超过了环境承载力，直接导致了20世纪50—60年代频繁发生的"公害事件"。这些"公害事件"涉及面广，直接危害人类的生存安全和健康，而且在发达的西方国家普遍出现，西方国家的一些记者开始公开报道公害事件的真相，著名社会人士纷纷撰文呼吁采取行动，那些富有责任感和开拓精神的科学家们感觉到，有必要进一步增进人类对地球环境的全面认识，用科学手段解决各种环境问题，以重建社会和自然的新秩序。因此，一些西方国家开始组织专门性的环境问题调查与研究，相关的成果不断面世。在工业革命完成初期，由工业生产所导致的环境污染事件主要发生在最早完成工业革命的发达国家。进入20世纪80年代以后，不少发展中国家也出现了与发达国家过去类似的情形。

美国海洋生物学家雷切尔·卡森在 20 世纪 50 年代末，用了 4 年的时间研究美国官方和民间关于使用杀虫剂造成的污染情况的报告，进行了大量调查，在此基础上，于 1962 年推出《寂静的春天》一书。《寂静的春天》从污染生态学的角度，阐明了人类同大气、海洋、河流、土壤、动植物之间的密切关系，初步揭示了环境污染对生态系统的影响，提出了现代生态所面临的污染生态学问题。书中特别描述了有机氯农药污染使本来生机勃勃的春天都"寂静"了的可怕现实。

进入 20 世纪 70 年代以后，人们开始认识到：环境问题不仅包括污染问题，而且也包括生态问题、资源问题等；环境问题并不仅仅是一个技术问题，也是一个重要的社会经济问题。这个观点在 1972 年出版的美国经济学家德内拉·梅多斯等著的《增长的极限》（The Limits to Growth）一书中有明显的体现，《增长的极限》明确地将环境问题及相关的社会经济问题提高到"全球性问题"的高度来加以认识。

20 世纪 60 年代，是环保意识和环保运动在西方发达国家兴起以及对生态环境问题开始进行科学研究的时期。从 20 世纪 60 年代起，随着环境问题的凸显，在西方，一些马克思主义研究者发现了马克思和恩格斯的著作中有大量关于马克思主义自然观的重要论述，并在此基础上提出了生态学马克思主义。19 世纪中叶，马克思主义的各种重要著作中，特别是在马克思的《1844 年经济学哲学手稿》、恩格斯的《自然辩证法》和《劳动在从猿到人的转变过程中的作用》中，出现了很多关于人与自然关系的论述。马克思和恩格斯已经认识到：人类历史和自然界历史无疑是处在一种辩证的相互作用关系之中的。他们的理论把全部社会发展史归结为劳动发展史，但是认识劳动史必须联系自然史，劳动史和自然史是相辅相成的。马克思和恩格斯是研究资本主义的发展所导致的社会动荡问题的重要理论家，尽管他们没能也不可能准确地预见工业文明时代的生产方式和生活方式会造成极为严重的生态环境问题，但是，他们已经意识到了人类与自然之间必然发生的矛盾冲突，并提出警告："我们不要过分陶醉于我们人类对自然界的胜利。对于每一次这样的胜利，自然界都对我们进行报复。每一次胜利，起初确实取得了我们预期的结果，但是往后和再往后却发生完全不同的、出乎预料的影响，常常把最初的结果又消除了。"[6]

（三）现代生态文明发展观

美国的罗伊·莫里森（Roy Morrison）在 1995 年出版的《生态民主》（Ecological Democracy）一书中明确提出了"生态文明"（Ecological Civilization）这一概念，并将其作为

"工业文明"（Industrial Civilization）之后的一种社会形态，而"生态民主"（Ecological Democracy）则是莫里森设想的"工业文明"向"生态文明"过渡的必由之路。近年来西方学者就生态文明的内涵、理论基础、方法论模式、实现机制、实现路径等展开了广泛研究，对我国社会主义生态文明建设实践有不同程度的启发和借鉴意义。

美国的生态经济学家、过程哲学家和建设性后现代思想家小约翰·柯布认为，生态文明不仅是一种不同于工业文明的发展模式，更是一种新的人的存在方式。他指出，西方的文明进程是一个与自然相疏离的过程，因而造成了当今全球性的资源环境生态危机，从人与自然的关系以及大多数人的生活质量来判断，不能说工业文明使人类社会处于日渐进步当中。进步的文明必须回归生态的视角或精神，恢复一种合乎生态的存在方式，为此，不仅需要技术上的解决方案，"还需要改变或改善我们看待世界的方式和最深层的敏感性"[7]。在此，中国的道家或佛教以及西方哲学家怀特海式的建设性后现代主义模式也许对生态文明是有帮助的。

针对工业文明所带来的人口、环境与发展困境，应该确立一种新的生存意识与发展意识的文明观念——生态文明观，它继承和发扬农业文明和工业文明的长处，以人类与自然相互作用为中心，强调自然界是人类生存与发展的基础，人类社会是在这个基础上与自然界发生相互作用、共同发展的，两者必须协调，人类的经济社会才能持续发展。从生态文明观来看，人类与生存环境的共同进化就是生态文明，威胁其共同进化的就是生态愚昧，只有在最少耗费物质能量和充分利用信息进行管理的情况下，才能确保社会的可持续发展，即"社会化的人，联合起来的生产者，将合理地调节他们和自然之间的物质变换，把它置于他们的共同控制之下，而不让它作为盲目的力量来统治自己；靠消耗最小的力量，在最无愧于和最适合于他们的人类本性的条件下来进行这种物质变换"。

生态文明观是一种超越工业文明观的、具有建设性的人类生存和发展的意识，它跨越自然地理区域、社会文化模式，要求从现代科学技术的整体性出发，以人类与生物圈的共存为价值取向发展生产力，从人类自我中心转向人类社会与自然界相互作用为中心，建立生态化的生产关系和经济体制，从而保证人类的世代延续和"自然—社会—经济"复合系统的可持续发展。

确立生态文明观是人类继续生存下去的伦理需要，它是决定人类发展取向和国家、地区发展取向的不可抗拒的规律，同时它也决定了区域或集团的行为模式应该是建立生态联盟；约束破坏生态环境价值规律不仅是可持续发展经济学的基本规律，而且是生态文明阶段市场经济的基本规律。

若经济活动中不以生态系统物质循环的动态平衡为前提，随意改变生态系统的组分并使生态系统失去功能，生态系统一旦崩溃，社会生产力也随之崩溃；若经济活动遵循了生态经济系统的生态价值规律，则不仅社会生产力水平会大幅度提高，而且社会效益也会随之提高。

观念更新就是对社会科学和自然科学、东方文化与西方文化、现代科学与传统智慧进行深刻的反思；尤其是对工业文明中形成与发展起来的牛顿机械观在各个领域中的影响进行深刻反思。规范转变的取向就是在现代科学技术的新坐标系中进行选择，充分利用现代物理的时空观、物质观和因果观，充分利用现代的新材料、新能源以及信息、生物工程等技术手段，充分利用有关生命、意识和进化的系统观，充分利用生态技术和生态经济相结合的生态文明观，使规范转变的取向与生态文明观相一致、与现代物理学的理论相一致、与东方传统文化中"天人合一"的人天观相一致。

生态文明观是人类付出了沉重的代价后反思出的一种新的文明观，只有把政治经济学和可持续发展经济学结合起来，才是完整的经济学。科学技术是第一生产力，但只有以生态文明观为价值取向的科学技术才是完整的并且能保证人类可持续发展的生产力。

二、西方先进的文明成果借鉴

20世纪60年代以来，面对环境污染、生态破坏、生存危险所造成的严重后果，西方国家痛定思痛，开始认真着手解决环境问题，严格立法执行，加大污染治理力度，转变经济发展方式，大力发展循环经济和绿色经济，取得了显著的成就。

（一）西方主要生态文明理论

1. 概述

国外生态文明理论设计了当前及未来经济社会发展的模式，从不同方面进行了人与自然和谐相处的思考与实践，虽然也有一些脱离现实甚至幻想的成分，但也给世界各国走符合本国国情的生态文明建设道路提供了理论指导[8]。

（1）生态现代化理论

该理论认为环境保护是经济可持续增长的前提，强调技术革新可以带来环境的改善和经济增长；环境保护和经济增长是协调的、相互支持、相互促进的；政府应使用市场调节手段来实现环境保护与经济发展目标。

（2）稳态经济理论

该理论认为应通过调节收入的再分配、控制人口的过快增长、提高资源的利用效率等手段实现经济健康可持续发展。这一理论倡导"绿化"工作道德，使劳动成为促进人的全面发展的活动，强调劳动所得应符合绿色运动所倡导的道德规范；强调消除目前正在扩大的贫富差距和南北差距，主张以保证每个人的基本需要为主要目标；提倡人与自然和谐相处，通过道德规范促进改善和保护自然环境。

（3）循环经济理论

该理论主张只有经济社会发展了才能解决环境污染和资源约束的矛盾，强调消费模式的转变和生产方式的变革，强调经济发展和环境保护的协调。这一理论主要包括废旧物资回收利用、环境保护、综合利用和发展资源节约等产业形态，运用环境管理、低碳发展、绿色发展、循环发展等技术手段，坚持保护优先、节约优先、自然恢复为主，实现人类社会的健康可持续发展。

2. 生态马克思主义

生态马克思主义（Ecological Marxism）是 20 世纪中后期兴起于西方的一种社会思潮，是生态马克思主义者将古典马克思主义生态思想与生态危机理论相结合，寻求人类发展新途径的理论尝试。20 世纪 90 年代之后，随着全球性生态环境危机的出现以及中国学术界对马克思关于人与自然和谐发展理论的重视，生态马克思主义思想开始被中国学术界广为接受和认可。

1）理论的产生及发展

面对全球性生态危机所造成的人类社会生存发展危机，人们开始反思人类行为对地球生态环境的影响，萌发了"生态意识"和"生存意识"。20 世纪 70 年代初，在一些发达资本主义国家，兴起了一场旨在防止生态灾难、维护人类生存环境的群众性运动——绿色运动。西方社会"绿色运动"的蓬勃发展，要求学术界提供相应的理论指导。法国学者安德烈·高兹、美国学者威廉·莱易斯、加拿大学者本·阿格尔、德国学者瑞尼尔·格伦德曼、英国学者戴维·佩珀等人，旗帜鲜明地主张用马克思主义解析绿色理论，促进了马克思主义与生态学的结合，从而形成了生态马克思主义理论。

生态马克思主义的发展大致经历了三个阶段。第一阶段是其形成时期（20 世纪 60—70 年代），威廉·莱易斯在其代表作《自然的统治》（1972）与《满足的极限》（1976）中，阐述了生态马克思主义的基本观点，初步奠定了生态马克思主义的理论框架；美国得克萨斯州立大学教授本·阿格尔在其1979年出版的《西方马克思主义概论》一书中，不仅首次明确提出了"生态马克思主义"的概念，还对生态马克思主义的内涵做了开创性的论述，成为生态马克思主义学派形成的标志。第二阶段是其形成体系化的时期（20世纪70—80年代），生态马克思主义学者们无论是在生态危机的根源、遏止全球生态危机的社会力量、应当采取的手段和方式等，还是对未来社会的构想方面，都形成了较为系统的看法，并非常明确地提出了生态社会主义的政治、经济、文化和社会生活的要求。第三阶段是其发展时期（20世纪90年代以后），生态马克思主义者运用马克思主义的基本原理分析全球性生态危机，提出了富有创见的解决全球性生态环境问题的重要思想。

2）主要理论主张及内涵

马克思主义关于人与自然的关系理论为生态马克思主义提供了最基本的分析框架和解释范式，成为生态马克思主义的理论来源。生态马克思主义者关注的重心转移到了人与自然的关系问题上，他们运用马克思主义的理论观点和分析方法，从人类生存的自然环境面临严重危机这一基本事实出发，科学地分析了全球生态危机和资本主义制度及其生产方式的联系，在批判资本主义的基础上，重新思考未来社会主义的问题，提出了以生态效益为核心价值、以实现人与自然和谐相处为目标的生态马克思主义生态观[9]。

（1）生态危机理论

生态马克思主义在继承马克思批判方法和批判精神的基础上，对生态危机产生的根源进行了多层次剖析和多维度探讨。以莱易斯和阿格尔为代表的生态危机理论认为，进入垄断资本主义阶段后，资本主义社会的主要危机已经从经济危机转为生态危机，而造成这一转变的直接原因便是资本主义社会的消费异化；他们认为在生产无限扩大的刺激及消费主义的蛊惑下，异化消费催生了人类无止境的消费欲求，导致生产规模的不断扩大，加速了能源资源的消耗，从而突破生态系统的承受限度，导致了严重的生态危机。因此，生态马克思主义强调，建立在生产无限扩大基础上的异化消费服从于资本对利润的追求向度，忽视了自然的承受能力，耗费了自然资源、破坏了生态环境、激化了人与自然的矛盾，必然导致生态危机。要消除这一危机，则要通过消费希望的破灭，建立稳态经济的社会主义[10]。造成生态危机的另一个原因在于建立在"控制自然"基础上的科学技术非理性使用。生态马克思主义在总体上肯定了科学技术的社会价值，重点批判了科学技术的资本主义使用方式。在资本主义制度下，生产力的发展、科学技术的进步，只是给一部分人带来了福利，而给人类的发展带来的却是灾难。他们一致认为，在资本主义社会中的科学技术服务于资本的发展逻辑，科学技术的非理性运用与生态的破坏是同一过程，科学技术的非理性使用必然导致自然异化以及生态危机的加剧。

同时，生态马克思主义者还从不同角度论证资本主义制度及资本主义生产方式的反生态本性。在资本主义制度下，追求经济无限增长的资本主义生产方式，势必打破生态平衡系统，不断扩大的对自然资源掠夺性的使用造成生态系统严重性破坏，使生态危机不可避免。资本主义制度下的资本主义生产方式既要保持世界工业产出的成倍增长，又要保持生态环境系统的整体发展，是不可能实现的。

（2）双重危机理论

20世纪90年代之后，资本主义全球化成为不可阻挡的潮流，20世纪的各种主流绿色生态理论和运动，不仅没有阻止资本主义造成的生态危机，相反，生态危机却越加严重，并已经威胁到整个星球的生态系统。在此种背景下，美国学者詹姆斯·奥康纳在生态危机理论基础上，在《自然的理由》一书中提出双重危机理论，提出了资本主义的双重矛盾和双重危机，可看作是对生态危机理论的补充和完善。该理论认为，经典马克思主义关于资本主义社会的基本矛盾即生产社会化与资本主义私有制之间的矛盾，是资本主义社会的第一类矛盾，而资本主义生产的无限性和资本主义生产条件的有限性之间的矛盾，则是资本主义社会的第二类矛盾。这两类矛盾相互作用，共同存在于全球化资本主义体系当中，形成了资本主义的双重危机——即经济危机和生态危机，经济危机属于资本主义的"第一重危机"，生态危机属于资本主义的"第二重危机"[11]。

奥康纳认为资本积累以及由此而造成的全球发展不平衡是造成双重危机存在的原因。"在资本主义经济中，利润既是经济活动的手段，又是经济活动的最终目的。"资本积累以及资本积累对自然资源和能源的开发，揭露了在不平衡发展的二元对立结构中发达国家和地区对欠发达国家和地区的资源和能源剥削，为了获取高附加值的工业产品和提高本国的经济水平，欠发达国家和地区不得不承受与发达国家和地区之间的不平等交易，向发达国家出售廉价的生产资料和能源等自然资源。而廉价的生产资料和能源则降低了资本积累的成本，使资本积累加快，资本积累的加快反过来又加快了对生产资料和能源等自然资源的开采速度，形成恶性循环，最终导致全球性的生态危机和生态环境灾难。

（3）生态社会主义革命和建设理论

美国著名社会学家克沃尔在2002年出版的《自然的敌人——资本主义的终结还是世界的终结》一书中，提出了生态社会主义革命和建设理论，其主要内容是：劳动与劳动产品的分离以及以此为前提的资本的大量积累，造成了资本主义社会严重的生态问题和生态危机，因此，生态危机是资本主义生产方式的必然产物。更严重的是，资本主义通过推行"生态殖民主义"和"生态帝国主义"向发展中国家转嫁生态危机。把高污染、高消耗的企业直接转移到发展中国家，直接把其他国家变成原料产地和垃圾填埋场，或通过"结构性暴力"实现对发展中国家资源的掠夺，由此造成了全球性的生态危机和生态环境灾难。因此，生态马克思主义认为，生态恶化是资本主义固有的逻辑。要消除这一危机，就必须对资本主义工业体系进行变革，按照生态可持续发展的标准对整个社会的生产、交换、分配和消费进行彻底改造，建立一种不同于资本主义的新型经济发展模式；使原来利润最大化的经济标准逐渐服从于新的社会生态可持续发展标准，以"生态理性"代替"经济理性"，实现"生态经济"可持续发展；将资本主义生产转变为生态生产，恢复生产领域中生态系统的整体性，根据全社会的整体需要进行有计划的生产，而不是无限制地扩大非生态性的生产；建立整体主义的生态价值观，尊重不同民族、不同国家实现生态平衡的权利，反对生态殖民主义，建立一个生态和谐、社会公正的生态社会主义社会。生态社会主义旨在实现人的自由全面发展，要求生产者对生产资料的真正拥有，它的建设要符合三项原则：坚持社会主义公有制；坚持计划与市场相结合的生产与分配制度；在全球范围内实现生态社会主义。

（4）马克思主义的生态观

伯克特和福斯特共同开展了对马克思的生态学构建，使生态马克思主义具有了更大的理论价值。伯克特在 1998 年出版的《马克思与自然》一书中，揭示了马克思主义与社会生态学在本质内容上的一致性。福斯特在 2000 年出版的《马克思的生态学》中，首次提出了"马克思的生态学"概念，并在马克思与生态学之间建立了直接的联系，进而对马克思的唯物主义理论和新陈代谢思想的生态学本质进行了具体的论述，证明了马克思主义不仅符合生态学的定义和原则，而且超越了生态学的狭义性，在更加广泛的人类与自然之中以及人类社会内部实践了生态学的基本原则。

伯克特在马克思的劳动价值论中发掘了马克思的生态学思想，并认为：马克思的历史唯物主义概念将自然条件融入马克思对资本主义社会的分析，自然、劳动和生产是马克思历史唯物主义中的三个主要的自然和社会概念，它们三者之间的关系充分反映了马克思的财富概念中不仅包含人类社会的生产劳动，也包含着自然的属性。财富或者使用价值的生产同时包含自然和劳动两个方面的要素，虽然人类的生产劳动产生了使用价值，但是，生产劳动只能从人类和自然之间的物质交换过程中产生财富，人类的劳动脱离了自然和感性世界将不能产生任何东西，劳动和自然共同构成了人类财富和使用价值的基础。共产主义社会的公有制、计划经济、强调使用价值和自然的内在价值、生产和消费方式、民主和平等的社会结构等内容，都是与生态价值观念相一致的。

福斯特在马克思的"新陈代谢"观念中发现了马克思的生态学思想。福斯特以马克思的《资本论》为研究对象和理论根据，他认为，马克思把自由竞争资本主义社会中的人口、土地、工业三者作为一个生态系统来考察，这本身就是现代生态学的系统观点。福斯特认为，马克思将新陈代谢概念创造性地在自然科学和社会科学的意义上同时使用，通过新陈代谢这个自然科学概念将人和人类社会加入了生态系统。马克思分析了工业资本主义财富积累的两个来源：一是自然界，特别是土地，解释了资本主义原始积累源于对土地的剥夺；二是工人阶级的劳动，说明了资本主义的财富积累主要源于工人阶级的劳动。对劳动的剥削以及资本主义社会的贫富分化和对立，造成了社会再生产的中断，破坏了社会内部的物质循环。因此，由于资本主义和私人所有制的存在，造成了自然与社会以及社会内部新陈代谢的断裂，破坏了自然与社会组成的生态系统。福斯特考察了马克思运用新陈代谢的四个方面：其一，人本身就是自然的产物，需要与自然进行物质和能量的交换，自然是人体的器官的延伸；其二，劳动是人类与自然新陈代谢的中介；其三，社会性的劳动使新陈代谢与整个人类社会发生联系；其四，马克思提出了要对整个新陈代谢加以控制的观点。最后，福斯特认为，马克思在分析自然与社会的代谢过程中已经提出了可持续发展这个现代生态学概念。

3）生态马克思主义的当代意义与启示

（1）当代意义

当前，我国乃至全世界都面临着生态问题，生态马克思主义理论成为解决人类生态问题的重要哲学依据。生态马克思主义理论是以人与自然的辩证关系为中心内容、以实践和历史唯物主义的观点为逻辑起点的科学体系，它系统科学地揭示了自然与人、自然与社会之间的辩证关系以及自然与历史之间相互依存、相互作用的关系。生态马克思主义以其对当前困扰人类社会发展的生态危机进行深刻反思，对唤醒人们的环保意识，促使人们重新思考人与自然的关系，实现人与自然关系的和谐发展，具有十分重要的意义。

（2）生态马克思主义与生态文明[12]

人类文明经历了原始文明、农业文明和工业文明三个阶段。但在工业文明的发展使人类征服自然的能力极大提高的同时，全球性的生态危机造成地球再也没有能力支持工业文明的继续发展，这就需要开创一种新的文明形态来延续人类的生存，这种新的文明就是生态文明。目前，人类文明正处于从工业文明向生态文明过渡的阶段。从广义上讲，生态文明是人类文明发展的一个新的阶段，即工业文明之后的人类文明形态。在处理人与自然的关系上，生态马克思主义和生态文明都把人与自然的和谐关系作为核心主题。生态文明既反对极端人类中心主义，也反对极端生态中心主义。两个极端主义都是不合理的，只有人与自然和谐相处，才能保证人类的长久生存。生态马克思主义把绿色社会看作社会主义的本质特征，认为未来的生态社会主义社会是人与自然和谐相处的绿色社会，它建立在对每个人的物质需要的自然限制这一准则基础上，所以能够提供一个以生态可接受的方式满足人们需求的框架。由于生态社会主义实现了对生产手段的社会占有，对人与自然的关系进行集体的控制，社会生产将按照多数人的利益进行，从而保护自然环境和生态平衡。可见生态文明与生态马克思主义在处理人与自然的关系上具有一致性。

生态马克思主义认为生态社会是一个民主、公正、和谐的社会，人人享有自由和平等。它倡导建立民主稳定的社会体系来保证人的自由发展、社会平等和社会正义。生态文明也倡导人与人之间关系的和谐，反对生态殖民主义，体现了社会内部的和谐稳定和国际社会的公平正义。所以，生态社会主义与生态文明在社会领域的价值追求具有一致性。

（3）生态马克思主义理论对生态文明建设的启示

生态文明建设是马克思主义的基本精神和本质要求，是人类社会发展的崭新追求和文明社会发展的指针。当代生态马克思主义对当代全球生态问题和人类困境的思索，为人类协调人与自然的关系提供了一个新的视角，也为生态文明建设提供了重要启示[13]。

首先，生态马克思主义关于生态危机的制度分析对我们的启示是：要着眼于改革社会制度和人与人之间关系的角度来解决生态问题，而不是仅仅从技术的、人与自然关系的层面对待这个问题。我们要借鉴生态马克思主义理论，加强生态文明的制度建设，建立人们分配和使用生态资源中的物质利益关系的合理机制，着重处理好人与人之间的关系，处理好社会经济发展与人的发展之间的关系。对于生态危机的解决，生态马克思主义致力于生态原则和社会主义的结合，力图构建一种新型的人与自然和谐的社会主义模式，只有生态社会主义才能解决生态危机，这对于我们丰富和发展科学社会主义，建设社会主义生态文明提供了理论启示。

第二，转变经济发展方式，实现科学技术的生态化发展以及生态与经济社会的协调发展。生态马克思主义指出，建设生态文明应当对经济理性保持一种警惕和距离，建立起应有的生态理性，经济的发展必须服务于生态的可持续发展。科学技术是一把双刃剑，生态马克思主义指出，在资本主义制度体系下，科学技术的非理性运用与生态问题之间存在必然的联系。因此，面对我国科学技术高速发展与生态保护失衡的矛盾，要处理好科学技术的生态化运用与资源和环境保护之间的关系，使科学技术真正成为改进生产方式、推动生态文明建设的有力武器。

第三，价值观变革分析的启示。生态马克思主义把生态文明的研究和对人生意义的研究结合在一起。生态文明建设首先需要解决的是人们对于生存意义、幸福含义和消费观念的正确理解，认为生态危机的解决有赖于在价值观上一场思想观念变革，建立一种与生态文明建设相符合的观念形态、生存方式。生态文明建设要求改变当前流行的那种把存在的意义归结为对物质的占有、把消费等同于幸福的错误观念，要着眼于建立一种在创造性劳动中寻求生存意义的新观念，在人与自然之间建立真正和谐、平等的关系，建立一种新的生活方式和新的文明样式。

第四，注重社会的公平正义。生态马克思主义揭露了资本主义社会人与人之间不公平现象是导致生态危机的重要原因之一。发达资本主义国家通过全球化推行的生态殖民主义策略，是导致全球生态危机不断加剧的根源之一。当代国际政治经济的现实，使全球生态环境问题已经超出生态本身的利益，演变为一个关涉利益分配、政治博弈、价值选择的世界性课题。因此，在全球生态危机日趋严重、国际局势错综复杂的形势下，生态文明建设必须严格遵循"全球环境正义原则"来处理当代世界环境问题的争议，通过国际环境保护公约等国际法制来抵制生态殖民入侵，维护国家的生态安全，实现经济、社会、生态的全面协调可持续发展。同时，中国应积极开展国际合作，在国际生态环境交流合作中，立足全球和谐发展；中国应积极承担起在全球生态环境保护中应尽的责任和义务，联合国际力量共同抵制生态殖民主义对发展中国家的剥削，维护发展中国家的发展权和环境权，为推动世界和谐发展贡献力量[14]。

（二）国外生态文明建设的实践

生态文明在西方国家的实践，是与绿色理论的萌芽和发展同步进行、相互促进的，具体表现为，随着大规模环境运动的兴起，引起了来自政府、政党、学术界、企业界和群众等各个社会层面的生态关注和积极参与[15]。

（1）开展了卓有成效的生态运动

1972年，斯德哥尔摩人类环境大会将全球性环境保护运动推向高潮。20世纪70年代末、80年代初，生态运动成为集环境保护运动、和平运动、女权运动、民主运动为一体的全球性群众性政治运动。20世纪90年代以来，生态运动逐渐从公众关注生态环境问题转为公众与政府共同关心可持续发展问题，生态运动的参与面更广，效果更加明显。生态运动在几十年的发展过程中，虽然其主题因时代变化而不同，但其对政府环境保护决策的制定、整个社会环境保护意识的生成和传播发挥了重要影响，从而在西方国家从工业文明向生态文明的历史性转变过程中，发挥了重大的引导和推动作用。

（2）绿党的政治实践取得了较大成效

绿党是近20年来在西欧兴起的一支以突出环境保护，扩大民主，维护人类和平，反对经济过度增长，反对政治官僚化为奋斗目标的新的政治力量。绿党强大的政治影响力促使传统政党都进行了不同程度的调整，这种政党作用关系推动了欧洲政治的深层绿化，可持续发展成为各党派的共识，在相当大的程度上加大了绿党在政治主张和生态实践上的作用发挥。从绿党这些年的实践来看，西方发达国家生态环境保护政策和理念的每一个进步，几乎都离不开绿党所做出的贡献。

（3）西方国家不断改变对内环境策略

西方国家的生态文明建设，无论是理念还是具体的政策制定，都处于一种不断发展变化的进程之中。尤其是1972年斯德哥尔摩人类环境大会召开之后，西方国家开始了对环境的认真治理，工作重点是制定经济增长、合理开发利用资源与环境保护相协调的长期政策。20世纪90年代以来，可持续发展理念在西方国家逐渐成为主导性环境理念，在其政府的环境政策中也鲜明地体现出这一特点。以欧盟环境政策为例可以很好地说明这种政策的转变。

（三）国外生态文明建设的成功经验

（1）建立并完善生态环境保护法规体系，积极推行绿色新政

法国政府出台了一系列环境保护法律、法规，从水资源保护，垃圾分类处理，污染性气体排放及空气质量监督到环境噪音管理，规范产品包装生产和使用，电子废料回收以及建筑节能，风力、核能等新能源开发等领域都以立法来保障和激励环保行动。日本于1993年颁布和实施了《环境基本法》，明确了日本环境保护的基本方针，并将污染控制、生态环境保护和自然资源保护统一纳入其中；2000年后日本又颁布了《建立循环型社会基本法》、《资源有效利用促进法》、《促进包装容器的分类收集和循环利用法》、《绿色采购法》、《建筑材料再生利用法》、《食品再生利用法》、《家电再生利用法》、《报废汽车再生利用法》，有效地推进了日本循环型社会建设。

（2）综合运用多种环境经济政策，促进生态环境保护

西方发达国家采用的环境政策非常广泛细致且极具可操作性。以美国为例，包括了环

境税、排污收费、生态补偿、排污权交易等。美国 1977 年通过的《露天矿矿区土地管理及复垦条例》规定，矿区开采实行复垦抵押金制度，未能完成复垦计划的其押金将被用于资助第三方进行复垦；采矿企业每采掘一吨煤，要缴纳一定数量的废弃老矿区的土地复垦基金，用于复垦老矿区土地的恢复和复垦；排污权交易最早也是在美国实施的，美国于 1990 年推出二氧化硫排污权交易政策，有效地促进了二氧化硫减排；在流域生态补偿上，美国政府承担了大部分的资金投入，并且规定由流域下游受益区的政府和居民向上游地区做出环境贡献的居民进行货币补偿。日本《森林法》规定，国家对于被划为保安林的所有者予以适当补偿，同时要求保安林受益团体和个人承担一部分补偿费用。在瑞典，政府从税收上控制各种有害物质的无序排放，相关环境税费有 70 多种。这些经验表明，政府可以利用市场手段和经济激励政策促进生态保护。

（3）推进生态经济，实现经济转型发展

循环经济、绿色经济与低碳经济都是生态经济的重要表现形式。当前，欧洲、美国、日本等发达国家纷纷制定和推行一系列以循环经济、低碳经济为核心的"绿色新政"，旨在将高能耗、高消耗、高排放的传统经济发展模式，转变为低能耗、低消耗和低排放的"绿色"可持续发展模式。英国把发展绿色能源放在首位。德国重点发展生态工业，1996 年《循环经济与废弃物管理法》是德国建设循环经济总的"纲领"，它把资源闭路循环的循环经济思想推广到所有生产部门，强调生产者对产品的整个生命周期负责，规定对废物问题的优先顺序是避免产生—循环使用—最终处置；垃圾处理和再利用是德国循环经济的核心内容，目前，废弃物处理成为德国经济支柱产业，年均营业额约 410 亿欧元，并创造 20 多万个就业机会。法国的发展重点是核能和可再生能源。美国的"绿色新政"包括节能增效、开发新能源、应对气候变化等多个方面。日本率先提出建设低碳社会，从 1997 年开始，日本政府通过建立产、学、研三位一体的生态园区，将技术研发和生产紧密结合起来，大大提高了资源利用效率，形成了完整的产业链，推动了循环经济的快速发展。

（4）重视公众参与和宣传教育，提升公民生态意识

在美国，早在 1970 年就制定了《环境教育法》，联邦政府教育署还设置了环境教育司。日本已经形成了针对中长期目标的专业和非专业性正规教育，设立了对政府官员和企业管理人员的专门环境教育以及对公众的社会性教育等，推进社会各阶层参与保护环境的行为。瑞典从教育入手培养全民节约资源、保护环境的意识，在瑞典《义务教育学校大纲》的 16 门课程中，有 9 门涉及对环境与可持续发展教育的要求。在法国，巴黎市推出了"自行车自由行"自助租赁服务，吸引和鼓励大家少开私车、多用公交工具，以减少汽车尾气排放。

在西方许多国家，低碳、环保、绿色、生态已是人们的一种生活习惯。

（四）国外生态文明建设和发展的困境及启示

由于西方国家在制度等方面的局限性，使其不可能彻底改变人类与自然之间的不和谐状态。生态文明建设在西方国家逐渐遇到了影响其持续发展的诸多难题。

（1）"人类中心主义"理念的制约

回顾西方国家从工业文明向生态文明转变所走过的历程可以发现，作为工业文明发展理念的"人类中心主义"指导了人类的伟大实践，在这种思想指导下，人类在一定程度上取得了一定的成功，但是这种成功是局部性的，或是暂时性的。因为由这种思想深化而来的统治自然的环境观，认为地球资源取之不尽、用之不竭，环境容量无限，而由此环境观支配的人类活动必然会极大地破坏自然与环境，又从根本上损害了人类的利益，并使人类陷入深深的困境之中。从西方国家的现实来看，"人类中心主义"理念成为一种根深蒂固的人类与自然的关系模式，作为一种伴随着工业文明发展和成长起来的发展理念，要想从根本上改变这种以人为唯一尺度、忽视自然价值和反作用的思维定式，实现真正意义上的人类与自然和谐相处，如果不从根本上转变资本主义生产方式和没有实现向可持续发展理念的转变，要使这些国家的生态文明建设取得更大进步和成就，乃至早日步入生态文明新阶段，几乎是不可能的。

（2）资本主义制度的局限性

资本主义制度作为一种以追求利润最大化为基本目的的社会经济制度，只要资本的本性没有发生根本性变化，其追求最大利润的内在动机就不会消亡。从现实来看，资本主义经济把追求利润增长作为首要目的，所以要不惜任何代价追求经济增长，包括剥削和牺牲世界上绝大多数人的利益。从美国对待《京都议定书》的态度，就可以清晰地看到资本主义经济增长与环境保护的内在矛盾性以及当代西方国家在彻底解决环境问题上面临的难题。另外，外部性问题是当今西方国家在环境保护中普遍存在而又难以根除的一个难题。为了解决这个问题，很多国家的政府采取了强有力的措施，力求避免或减轻外部性问题对环境保护的影响。比如，"污染者付费"原则已成为西方国家普遍采用的治理污染的重要原则，它要求在处理环境问题上的外在成本能在某种程度上由企业内化。客观地说，这些措施在一定程度上缓解了外部性问题的尖锐性，强化了企业保护环境的责任感。但是，只要资本追求利润最大化的动机不能从根本上改变，外部性问题是不可能从根本上得到解决的。作为结果，西方国家建设生态文明的步伐却因为其制度本身难以克服的局限性而不得不放缓。

（3）西方国家内部环境政治现状的局限性

在西方国家环境保护进程中，尤其是 20 世纪 60 年代群众性生态运动兴起和发展起来之后，就一直有一些反面的力量在与主流的环境保护主义相对抗。随着西方国家多元文化的发展和各阶层利益关系的分化，这些反环境保护主义势力逐渐壮大，它们采取各种手段阻挠和破坏环境保护政策的制定和实施，使西方国家在生态文明建设上的设想和努力受到很大影响，在很大程度上制约或者抵消了传统环境保护主义所做的一些努力，从而在一定程度上影响了西方国家建设生态文明的进程。

（4）西方国家与全球环境问题之间的复杂关系

从全球环境保护的现实来看，作为当今生态文明建设暂时领先的西方国家，其生态环境质量的改善，有相当大的部分是通过将污染转移给发展中国家而实现的。西方国家的"环境侵略"、"环境殖民主义"成为发展中国家生态环境持续恶化的重要根源，从而也延缓了人类迈向生态文明的步伐。如果从长远和整体的眼光来看，面对实现人类与自然和谐共生的整体利益，西方国家应该肩负起它们的历史责任和道义责任，而不是仅仅局限于自己狭隘的利益而置整个世界于不顾。因为，整个世界的生态系统本就是一个不可分割的整体，在广大发展中国家环境日益恶化的条件下，发达国家要独自享受生态文明的成果是不可能的。

从总体上来讲，西方国家在生态文明建设上取得了重大成就，为最终实现人类与自然的和谐共生准备了很好的理论基础和物质前提。然而，由于资本主义制度的本质并没有发生根本性变化，生态文明在西方国家已经陷入难以摆脱的制度困境，面临着许多不利条件的制约，而且，在现存的资本主义制度中通过改良不可能解决这些难题，从而建成真正意义上的生态文明。只有实现对资本主义制度的超越或替代，以一种更为优越、更为先进的社会制度取而代之，才可能将生态文明进一步推向前进。

第二节　中国生态文明发展历程

一、中国生态文明发展历程

人类文明演替至今，大体经历了原始社会的采猎文明、农业文明、工业文明、后工业社会的生态文明等几个阶段。可以说，从远古时代的猎人开始，"人就从事推翻自然界的平衡，以利于自己"的活动。人类生存繁衍的历史，在很大程度上是人类社会同大自然相互作用、共同发展、不断进化的历史。从人与自然关系的历史演变来看，人类社会经历了"敬畏自然"、"征服自然"、"和谐自然"三个基本阶段。

（一）原始文明时期的原始生态和谐

原始社会的时段约为公元前 200 万年至公元前 1 万年，属于采猎文明时代。在原始文明时期，人类的生产力水平还很低，对自然的影响还很有限。只能通过采集或狩猎这样直接从自然界中获取所需的物质生活资料的方式，来维持人类自身的生存与发展。人的生存与发展，在很大程度上，还受生态规律的制约。由于原始社会生产力水平十分低下，从自然环境获取的产物多为水里的鱼，空中的鸟，森林野地的禽类兽类、野菜野果等，这些都是维系原始人生存的必要条件，人类只是被动生存在自然环境中的自然之子。自然界中食物的多少和环境的变化，都影响着每一个人类族群的发展，使每一个族群都需要较大的生存空间。好在这个时期，人类的数量很少，可供利用的自然空间很大，人类可以通过不断地迁移来寻找更适合自身生存的自然环境，以应对自然界的变化和扩大自身的生存空间。在原始社会以采集和渔猎为主的生产方式中，人与自然关系的和谐表现为人类对自然的敬畏和被动服从，维持着一种原始的和谐关系。

（二）农业文明时期的生态文明萌芽

农业文明的时段为公元前 1 万年至公元 18 世纪。在距今大约 1 万年以前，由于农业和畜牧生产方式的出现，人类开始由原始社会进入到古代农业社会，人类文明的发展出现了第一次历史性的转折和飞跃。其主要技术性标志就是青铜器、铁器、陶器、文字、造纸、印刷术等的出现以及物质生产方式由采集渔猎向农耕或畜牧的转变。这标志着人类已不再完全依赖自然界所提供的现成生活资料，而是可以利用自然界中的某些自然规律和生物力，来种植能为人提供食物的植物和驯养家畜等。人类在一定程度上摆脱了对自然的完全依赖关系，开始了对自然的改造和人化过程，逐渐形成了以农业为主导的人工自然体系。这一时期，生态环境对人类生产和生活的影响还很大，人类无论是在现实生活和精神认识上都不得不顺应自然规律[16]。自然环境与生态条件对农业文明的进程起着重要作用。农业文明在生产力低下的情况下依靠农耕牧渔而发展，人与自然的关系是天人合一的。同时，人类也开始形成顺应自然的系统思想。但是，由于时代条件的限制，传统的生态伦理观在理论上必然存在各种局限性。它所关切的环境问题，基本上是滥伐森林、过度捕杀动物、水土流失、土地肥力退化等传统形式的、局部的、浅层性的生态破坏问题。虽然古代思想家在对待自然的态度上有一定合理性，但限于当时的经济发展程度和科学技术水平，他们还不能指出实现人与自然环境和谐相处的途径和手段。

这一时期，人类开始有能力操控自己的命运。"人定胜天"、"人为中心"的思想在农业文明时期也开始萌芽，并成为未来的主导思想。但这种主导思想在两千多年的演进过程中却走向了极端。由于人口的增加和生产力的逐步提高，人类在利用自然的同时试图改造和改变自然。但这种改造和改变往往伴随着很大的盲目性、随意性和破坏性，如盲目开垦、毁林肥田等生产方式[17]。但是，人类生产力水平仍十分落后，人类还没有足够的能力去大面积破坏生态环境，人类对大自然掠夺和破坏整体上比较轻微。古代农业文明衰落的原因固然很复杂，比如外族入侵、内部战乱、统治者的奢侈腐化等，但究其根本原因却是"生态灾难"，即破坏森林、过度使用土地、人口膨胀、水土流失。历史上绝大多数地区文明衰落的根本原因在于它们赖以生存的自然环境恶化。[18]

（三）当代中国生态文明理念与实践的发展

中国提出建设生态文明经历了一个认识发展的过程，这既是中国共产党对马克思恩格斯生态哲学的认识不断深化的过程，也是将马克思主义的基本原理与中国当代实际相结合，实现马克思主义中国化的过程。当代中国生态文明理念发展的过程主要分为以下两个阶段[19]。

第一阶段从1949年到20世纪90年代初，中国由一个落后的农业国成为了一个有完整的、门类齐全的工业体系的工农业国家。

在进行恢复生产力的重点工作的同时，以毛泽东为核心的党的第一代中央领导集体将绿化祖国作为生态建设的重点。毛泽东同志要求，"在十二年内，基本上消灭荒地荒山，在一切宅旁、村旁、路旁、水旁以及荒地上荒山上，即在一切可能的地方，均要按规格种起树来，实行绿化"，并向全国人民发出"绿化祖国"的号召。1972年世界首次人类环境会议之后，中国逐步跟上了国际环境保护的潮流，并逐步参与到探索新发展观和新发展道路的艰难历程中。粉碎"四人帮"后，中国经济社会各项事业欣欣向荣，初尝改革开放成果。1978年，中国开始实行改革开放政策，经济发展步上了快车道。以邓小平为核心的第二代中央领导集体在紧抓重点任务的同时一直关注着生态的建设，将环境保护确立为基本国策。1978年，中共中央批准了国务院环境保护领导小组关于《环境保护工作汇报要点》并提出："消除污染，保护环境，是进行社会主义建设，实现四个现代化的一个重要组成部分……我们绝不能走先污染、后治理的道路"。这是在我们党历史上第一次以党中央名义针对环境保护工作做出的重要指示。这标志着我国环保工作步入了中央最高决策层的新时期。同年，党中央、国务院做出了建设"三北"防护林体系的重大战略决策，开启了以重大生态工程推进生态治理的绿色行动。

1983 年召开的第二次全国环保会议成为中国环保事业的一个转折点，环境保护被确定为基本国策，奠定了环境保护在社会主义现代化建设中的重要地位，确定了"预防为主、防治结合、综合治理"、"谁污染谁治理"的符合国情的环境政策。1989 年国务院召开的第三次全国环境保护会议进一步明确了环保目标责任制、环境影响评价、"三同时"、排污收费等 8 项环境管理制度。

在我国环保历史上，国务院分别在 1981 年、1984 年、1990 年、1996 年和 2005 年发布了 5 个关于环境保护工作的重要决定。中国环境保护的政策、制度逐步产生，并正式走进国家政治、经济和社会发展的舞台，开辟了中国环境保护新的征程。[20]

第二阶段从 20 世纪末至今，走可持续发展之路，实现人与自然和谐发展，成为全球的潮流并逐渐成为世界各国的共识。

从 20 世纪 90 年代开始，党和政府开始更加关注经济、社会与环境协调发展问题。以江泽民为核心的党的第三代领导集体把握好"世界环境与发展大会"的重要契机，确立了可持续发展战略。1994 年，我国率先制定出台《中国 21 世纪议程——中国 21 世纪人口、环境与发展白皮书》。1996 年，在"九五计划"中，提出转变经济增长方式、实施可持续发展战略的主张。在全国的第四次环境保护会议上提出了做好可持续发展战略的五个方面的工作，一是坚持节约利用各种自然资源，协调发展一、二、三次产业；二是控制人口增长，提高人口素质；三是消费结构和消费方式要有利于环境和资源保护；四是加强环境保护的宣传教育；五是遏制和扭转一些地方资源受到破坏、生态环境恶化的趋势。党中央提出的可持续发展战略对于构建社会主义和谐社会和促进生态文明的发展奠定了坚实的基础。

进入 21 世纪后，以胡锦涛同志为核心的党的领导集体将马克思主义的基本理论与中国的社会主义建设实际相联系，站在历史的高点，将生态文明建设提到了崭新的高度。胡锦涛的生态文明思想是在前几代领导人共同思考下的结果。胡锦涛提出了"构建和谐社会"、"建设生态文明"等思想，这是马克思主义生态文明思想中国化的崭新体现。2002 年，党的十六大报告中把建设生态良好的文明社会列为全面建设小康社会的四大目标之一。2003年，党的十六届三中全会提出了以人为本，全面、协调、可持续的科学发展观，把"统筹人与自然和谐发展"作为实现社会全面协调发展的一个重要方面，使人们对生态文明的认识又上升到一个新的高度。2006 年，党的第十六届六中全会提出构建和谐社会，建设资源节约型和环境友好型社会的战略主张。2007 年，党的十七大将"建设生态文明"作为实现全面建设小康社会奋斗目标的五大新的更高要求之一，在党的文件中首次提出建设生态文明的目标，把建设生态文明作为一项战略任务和全面建设小康社会目标首次明确下来，提出到 2020 年要使我国成为生态环境良好的国家。这就真正把生态文明建设融入到中国特色社会主义道路中，成为落实科学发展观、构建和谐社会、有中国特色发展道路的内在要求。2012 年，党的十八大报告中首次单篇论述生态文明，首次把"美丽中国"作为未来生态文明建设的宏伟目标，把生态文明建设摆在总体布局的高度来论述。党的十八大以来，以习近平同志为核心的党中央，深刻总结人类文明发展规律，将生态文明建设纳入中国特色社会主义"五位一体"总体布局和"四个全面"战略布局。党的十九大报告进一步勾画"绿色路线图"，开启生态文明新时代，提出"加快生态文明体制改革，建设美丽的中国"的策略。

当代中国生态文明理念和实践的发展进程，是中国共产党作为马克思主义政党秉承和实践马克思恩格斯的生态理论遗产，并结合时代的变化和发展要求，与时俱进，创新、发展马克思主义生态理论的过程，是在人与自然之间既和谐又冲突的运动中形成的，是人与自然关系的一次质的飞跃，是马克思恩格斯生态哲学发展的最新理论成果，更是对中国共产党历代中央领导集体生态环境保护思想的继承和升华。

二、中国传统生态思想

中华传统文化向来崇尚人与自然的和谐，与生态文明的内涵相一致。中国传统生态思想是中国优秀传统文化的重要组成部分，体现了中华文化对人与自然关系的深刻认识和辨证把握，表明了中华民族对人与自然和谐相处的美好追求。深入挖掘并积极弘扬传统生态思想及其伦理精神，对于推动现代生态文明建设具有十分重要的现实意义。

（一）传统生态思想及内涵

在中国传统生态文化视野中，对人与自然关系的思辨和追问是传统生态思想发展的一个基础和脉络。

首先，天人合一是传统生态思想的核心价值观[21]。"天人合一"强调"物我一体"，人与自然万物和谐共生，追求天地人的整体和谐。儒家强调"尽心知性则知天"，推崇

"天地变化，圣人效之"，肯定人与自然的内在统一。儒家注重人道，天人关系就是从人道挈入的，以仁义思想为核心，强调人与自然的一体性，提出"仁民爱物"的环境道德观，希望积极发挥人的主体能动性来实现人与自然的和谐。基于此，儒家要求人们在利用自然资源时，应该根据自然的本性，"以时禁发"地去开发利用自然资源[22]。道家以"道"为本源，强调"道法自然"，以自然之道为出发点，从天道挈入天人关系，以自然无为为宗旨，要求人类尊重自然、顺应自然、去除人为，平等地对待万物，以此实现人与自然的和谐统一。道家强调人要以尊重自然规律为最高准则，强调人必须顺应自然，反对一切违反自然规律的行为，要求人们应该让生物按其自然的本性自由地生存和发展，而不是妄加干预。在处理人与自然的关系时，佛家主张"万物一体"、"众生平等"，也就是模糊了人与自然之间的界限，生命与环境是一个统一的整体，彼此之间相辅相成、密不可分，一切现象都存在相互依存、相互制约的因果联系。佛家认为，"法"是宇宙万物的本源，此万法不仅包括有生命有情识的动物，也包括植物、无机物。人类必须遵循生命之法，维护生态环境，促进自然的和谐，多做保护自然和拯救众生的善事，才能消解自己的恶业。佛教还认为，生命主体的存在是依靠自然界的健康存在来维持的，人类只有和自然环境融合，才能共存并获益，除此之外不能找到别的生存办法。

其次，追求主客观世界的和谐与平衡是传统生态思想的伦理体现。在中国传统思想中，追求人与自然之间的和谐与平衡，通过人与物之间的和谐从而促进和实现人与自身的和谐，是人与自然关系的伦理体现。它要求人们关爱自然，关心人之外的事物，不断赋予客观世界的主体性特征。儒家主张"仁者爱人"，以仁爱之心对待自然，讲究天道人伦化和人伦天道化，通过家庭以及社会将伦理道德原则扩展到自然万物，体现了以人为本的价值取向和人文精神，反映了对宽容、仁爱、和谐的理想社会的追求。道家代表人物庄子认为，人与万物都是天地造化所化生，没有贵贱高下之分。所谓"以道观之，物无贵贱"，主张通过"齐物我"、"齐万物"的哲学思辨，实现物我一体，表明了道家肯定人与物平等的价值观念。佛教认为，万物是佛性的统一，万物皆有生存的权利，众生平等，一切生命既是其自身，又包含他物，善待他物即是善待自身，因此，要"勿杀生"，表达了对宇宙生命万物和人类自身的尊重。

再者，遵从自然规律，强调强本节用是传统生态思想的重要内容。中国长期以来都是农业社会，而农业主要"靠天吃饭"，农业生产受到天气、土地、环境等自然因素的影响，必须要遵从自然规律，与自然节拍相符合。由于农业生产的不稳定性，因此，崇尚节用、反对浪费、强本节用等思想得到重视，成为社会伦理道德的重要内容。儒家对自然资源遵循"取之有时，用之有节"的"爱物"原则。孔子把"钓而不纲，弋不射宿"，即不用大网取鱼，不射夜宿之鸟自觉地体现在行动上。《吕氏春秋》中认为破坏大自然是一种不祥的举动，它必将招来灾祸，使那些象征吉祥的动物都销声匿迹。同时只有爱护、珍惜大自然，使各种生物各得其所，生物界才会出现生机勃勃的繁荣景象，"水泉深则鱼鳖归之，树木盛则飞鸟归之，庶草茂则禽兽归之"。这都是要求人类对自然资源在爱护和珍惜的前提下有度使用，不能使物种灭绝，才能保持其持续存在和永续利用。正如朱熹所说："物，谓禽兽草木。爱，谓取之有时，用之有节。"道家讲求"知足"，在对待物的态度上，提倡以实际需要利用万物，淡泊财富和节制有害的物质欲望，"鹪鹩巢于深林，不过一枝；偃鼠饮河，不过满腹"，"量腹而食，度形而衣"，"食足以接气，衣足以盖形，适情不求余"，"少思寡欲"。在道家维护天地万物和谐秩序的思想前提下利用自然资源，就应该对自然资源进行爱护，适度利用。老子认为，对自然资源的利用不应过极失当，应效法"道"的和谐、有度的法则，"保此道者不欲盈，夫唯不盈，故能敝不新成"。只有懂得适可而止，对可能破坏自然循环的行为进行一定的限制甚至禁止，才是对自然资源的保护之道。[23]

最后，中国传统的生态伦理思想不仅仅停留在伦理道德领域，还向法制领域延伸和扩展，形成了渗透生态伦理思想的法制理念，体现了丰富的与治国方略为一体的环境保护思想。孔子在论述他的治国纲领时出于保护自然资源的考虑，强调说："道千乘之国，敬事而信，节用而爱人，使民以时。"这在数千年的封建社会中被认为是贤明君主的基本国策。孟子也曾在对魏惠王论述实行王道的大计时，把保护生态的措施和利民兴邦、实行"王道"联系起来。他说："不违农时，谷不可胜食也；数罟不入池，鱼鳖不可胜食也；斧斤以时入山林，材木不可胜用也，谷与鱼鳖不可胜食，材木不可胜用，是使民养生丧死无憾也。养生丧死无憾，王道之始也。"荀子则把维护生态平衡的制度与措施称之为"圣王之制"。他说："圣王之制也：草木荣华滋硕之时，则斧斤不入山林，不夭其生，不绝其长也。鼋鼍、鱼鳖、鳅鳝孕别之时，罔罟毒药不入泽，不夭其生，不绝其长也。春耕、夏耘、秋收、冬藏，四者不失时，故五谷不绝，而百姓有余食也。污池、渊沼、川泽，谨其时禁，故鱼鳖优多，而百姓有余用也；斩伐养长不失其时，故山林不童，而百姓有余材也。"董仲舒将自然现象与君王的德行联系在一起，他将自然的灾祸看作是对君王没有德行的惩罚。他认为国君作为一国之主，对破坏天、地、人这个生态系统负有最大的责任，并在他所著《春秋繁露·五行五事》中还列举了做君王的五大过错和"自然之罚"的种种迹象。在《六韬·虎韬》中记载中华民族最早的环境立法，炎帝（神农氏）就颁布了保护生态的禁令，"春夏之所生，不伤不害，谨修地利，以成万物，无夺民之所利，则民顺其时矣"，此即"神农之禁"。西周更是制定了严厉的生态保护法令，其《伐崇令》中规定"勿伐树木，勿动六畜，有不如令者，死无赦"。《礼记·王制》还提出以经济手段对环境资源进行管理，规定人们不得出售未成熟的五谷、不成材的树木、未发育成熟的飞禽走兽来获取经济利益。"五谷不时，果实未熟，不粥于市；木不中伐，不粥于市；禽兽鱼鳖不中杀，不粥于市"，这种将市场的间接管理运用于保护自然资源的方法，在农业文明时代具有比较切实的效果，在今天也有值得借鉴的地方。

（二）传统生态思想的时代价值与启示

中国传统生态思想从主客体统一的角度，深入探讨人的主体性存在和客观世界的关系问题，回应了人与自然和谐相处的生存要求，系统地把握了人与自然关系的变化发展规律，并把自然作为一个具有主体性特征的审美对象，构建了人与自然关系的理论体系。传统生态思想以其独特而深刻的伦理精神成为当代生态实践的重要思想来源。随着生态危机的不断加剧，人们逐渐认识到，自然环境不仅是人类生存发展的物质基础，也是人类"诗意地栖居"的唯一场所。促进人与自然的和谐，理所当然成为人们安身立命的基本伦理要求。在传统社会的伦理道德中，普遍把按照自然规律生活、保持人与自然和谐当作社会美德。

同时，传统生态思想在认识人与自然关系时，并不仅仅着眼于人与自然的关系，而是把它放在一个更加宽广的视野中予以审视和考察，既包含着人们对客观世界的探索，又包含着人与社会、人与人以及人与自身关系的思考。从整体和系统的角度考察人与自然或主客观关系的内涵与意义，使传统生态思想表现出一种历史超越性特征。随着工业化生产的来临，人们依靠科技进步和生产力变革向自然索取了大量资源，积累了丰厚的社会物质财富，但是，另一方面，人的主体性意识的跃升和膨胀，人类在自然面前的过度自信，顽固的"人类中心主义"观念以及资本主义制度对利益和财富的无限驱动，导致人类无视自然发展规律，把自然当作可以任意蹂躏的对象，破坏了自然生态系统的平衡，恶化了人与自然的关系。特别是现代化大工业生产所造成的环境恶化、空气污染、气候变暖等恶果，正把人与自然的矛盾关系推向危险境地。同时，人与自然关系的恶化也在一定程度上加剧了人与社会、人与人以及人与自身关系的紧张状况，带来了许多社会问题。因此，必须大力继承和弘扬传统生态思想所蕴涵的和谐、有序、仁爱、平等、节俭等伦理精神，为改善人与人、人与自然、人与社会关系注入新的活力。

在自然环境日益恶化、人与自然关系日趋紧张的今天，促进人与自然的和谐相处已经成为世界范围内的普遍共识。传统生态思想具有深厚的社会和文化基础，它所体现的基本内涵、基本准则和基本精神，表达了人与自然和谐相处的美好愿望，体现了自然系统与社会系统相互尊重、和谐共生的内在联系，切合了构建社会主义和谐社会的本质要求，应当成为我们今天促进人与自然和谐相处、实现经济社会协调发展的重要思想源泉。生态文明是不同于农业文明和工业文明的绿色文明，它作为一种全新的文化形态和价值观，是最先进社会制度和最新文明成果的有机结合，它要求人们树立经济社会与生态环境协调可持续发展的新发展观，真正把自然环境当作人的主体性的一部分，按照社会和自然的内在逻辑和规律来实现人们的福祉和文明的进步。生态文明主导下的发展，必然是可持续的发展，必然是人与自然和谐相处的发展，必然是绿色、安全、协调、科学的发展，也必然是全面整体性的发展。

第三节　中国特色生态文明理论

中国传统文化中蕴含的丰富生态智慧是中国特色生态文明的重要思想渊源。马克思主义思想中蕴含的生态思想是我们提出建设中国特色社会主义生态文明的重要思想来源。

一、中国特色生态文明的涵义

中国特色生态文明作为我国文明体系的重要组成部分，科学发展观是它的指导思想，人与自然和谐相处是它的本质特征，可持续发展是它的价值目标，资源节约型、环境友好型社会（以下简称"两型社会"）是它的制度平台，循环经济是它的支撑形式。

科学发展观是马克思主义中国化的最新理论成果，是新时期我国经济社会建设的重大战略思想。中国特色生态文明的本质要义是与科学发展观相吻合的。科学发展观的第一要义是发展，核心是以人为本，基本要求是全面协调可持续。而生态文明追求人与自然和谐，关注社会公众的基本生存需求，旨在实现人类社会可持续发展，这与科学发展观的理念完全一致。

人与自然和谐，就是指人与自然环境之间处于一种动态平衡、相互协调和适应的状态，能够实现人类进步与生态进化的协同统一，其实质就是生产发展，生活富裕，生态良好。人与自然和谐相处不仅是中国特色生态文明的本质特征，而且是生态文明建设的根本评价标准。

建设中国特色生态文明，目的就是为了实现人口、资源、环境、经济和社会的可持续发展；就是为了在满足现代人的需求的同时，又不危害后代人的生存需求，给子孙后代留下一个合适的生存空间。因此，实现人类社会的可持续发展，是生态文明建设的价值目标。

"两型社会"是中国特色生态文明的制度平台。生态文明作为一种新的文明形式，需要有新的制度平台作为支撑。"两型社会"搭建了一个生态文明建设的制度平台。一方面，通过杜绝资源浪费、降低资源消耗强度以及提高资源利用效率等措施，实现资源的永续开发利用；另一方面，通过环境污染预防和污染治理，把生产活动控制在环境容量限度之内，来实现经济、社会与环境的和谐发展。生态经济（循环经济）是支撑"两型社会"建设和生态文明的经济形式，可以实现经济建设与生态建设的协同发展。

中国特色社会主义生态文明建设就是将我国国情与马克思主义生态思想相结合，运用自然规律，尊重自然，实现人与自然，人与社会、环境与经济的共同和谐发展、共同进步，以资源环境承载力为基础，以建立可持续的产业结构、生产方式、消费模式以及增强可持续发展动力，认真将"以人为本、执政为民、可持续发展理念"落到实处，进行"资源节约型和环境友好型"社会的建设，达到和谐与文明共同发展的目的，其本质是人与自然的和谐发展，社会发展与自然的和谐统一，建设美丽中国，最终实现中华民族的永续发展。[24]

二、中国特色生态文明的理论定位

中国特色生态文明是马克思主义生态理论中国化的最新理论成果，是中国特色社会主义理论体系的重要组成部分，是传统环境保护思想的超越与升华，也是世界生态文明体系的一种理论形式。

马克思主义将自然与人、自然界与人类社会统一起来，一方面，马克思、恩格斯对过去掠夺自然、盘剥自然的不可持续生产方式提出了善意的忠告。另一方面，马克思等人又对未来共产主义社会的生态状况充满了憧憬和期待。他指出："这种共产主义，作为完成的自然主义，等于人道主义，而作为完成了的人道主义，等于自然主义；它是任何自然界之间、人与人之间的矛盾的真正解决，是存在和本质、对象化和自我确证、自由与必然、个体和类之间的斗争的真正解决"。可见，马克思主义从本体论的高度揭示了人与自然的统一，具有深刻的生态文明意蕴。

中国特色生态文明是中国特色社会主义理论体系的重要组成部分。生态文明是物质文明、精神文明以及政治文明建设的基础和保障。特别是在当前生态环境趋势明显恶化的新时期，没有良好的生态环境，一切建设都无从谈起。中共十七大将中国特色生态文明与物质文明、精神文明和政治文明一起，构成中国特色社会主义文明体系，使这一体系更加完善；生态建设与经济建设、政治建设、文化建设、社会建设一起纳入中国特色社会主义事业，形成了"五位一体"的总体布局。

中国特色生态文明是对传统环境保护思想的超越与升华。生态文明则是工业文明之后人类文明发展的新阶段。在生态文明社会，人类进行生态建设的旨趣和理念都得到了提升，生态建设与经济建设处于同等重要的地位，维护生态平衡，保护人类赖以生存的环境是人类的首要责任，人类绝不能为了发展经济而牺牲生态环境，造成难以挽回的损失。

中国特色生态文明是世界生态文明体系的一种形式。中国特色生态文明并不排斥资本主义生态文明。中国特色生态文明不同于资本主义生态文明，但可以与之实现互补、共存，共同构成世界生态文明体系的重要组成部分。[25]

三、中国特色生态文明建设的特征与现实意义

（一）主要特征

从社会制度角度看，迄今为止不同国家的生态文明发展道路可以区分为资本主义生态文明建设道路和社会主义生态文明建设道路。西方发达国家已经达到较高程度的生态文明建设水平，但是，这一道路具有浓厚的资本主义特征，即外在剥削性。中国生态文明建设则坚持社会主义制度，具有内生性的制度特征。生态文明是社会主义的内生要求，中国特色社会主义是中国生态文明建设的制度保障。中国特色社会主义是一种以人为本的社会制度，以人为本是社会主义的基本原则，也是生态文明的首要原则。中国特色社会主义可以打破把物质财富作为社会生产基本目的的物本发展逻辑，是一种以人的全面发展为社会生产核心价值的制度。

中国生态文明建设的内生性决定了中国生态文明建设目标的整体性，因此，中国生态文明建设的国家目标与人类目标是兼容的。西方发达国家生态文明建设的直接目的是满足本国资本利益和本民族利益。西方发达国家在加强自身环境保护、推进自身生态文明发展的同时，也对包括中国在内的发展中国家的生态文明建设带来深远的影响，从而制约了整个人类生态文明建设的推进进程和水平的提升。与此相反，中国的生态文明建设的国家目标是实现从传统工业文明向生态文明的整体转换，建设美丽中国，实现中华民族永续发展；

同时，肩负全球生态责任，实现生态崛起。因此，中国生态文明建设的国家目标与人类目标是高度一致和兼容的。

中国生态文明建设具有制度上的内生性、目标上的整体性，因此，中国较早实现生态自觉，这一点决定了中国生态文明建设路径的主动性、发展性与系统性。而西方发达国家生态文明建设制度的剥削性、目标的褊狭性决定了路径的滞后性和消极性。西方发达国家生态文明建设采取的是先发展后保护、先破坏后修复、先污染后治理，牺牲环境换取经济增长的消极性模式。中国作为一个发展中的社会主义国家，作为一个负责任的大国，提出并启动全面的环境保护时，尚处于工业化进程的初级阶段，经济社会发展尚处于低收入国家水平；中国现代化进程面临的首要任务就是发展生产力，但强调生态文明，并不否定发展；中国生态文明建设路径的系统性突出体现在党的十八大对生态文明建设的顶层设计之中。[26]

（二）现实意义

首先，中国特色生态文明建设是修复目前我国生态危机的迫切需要。当前，我国存在着十大突出环境问题，已经严重威胁和阻滞我国的社会发展与进步。转变经济增长方式，实现经济又快又好发展的生态文明建设是尽快修复我国生态环境恶化问题和解决经济社会发展中面临的诸多难点的关键，既为经济建设提供良好的环境保障，又可以带动促进其他文明的发展和社会的全面进步。

其次，中国特色生态文明建设是贯彻落实科学发展观的内在要求。科学发展观的核心是"以人为本"。"以人为本"就是以人民的利益为出发点和落脚点，实现人民的幸福生活与全面、持续、健康的发展。科学发展观把人的生存与发展作为最高价值目标，统筹人与自然的和谐发展，使经济发展与资源、环境相适应，满足人们生存和发展的需要，促进人与社会的全面发展。生态文明建设就是为了满足人们这些需要甚至满足子孙后代的这些需要，着眼于人类与自然的全面、协调、可持续发展。

最后，中国特色生态文明建设是实现全面建成小康社会奋斗目标的新要求，也是今后社会发展必须着力加强的重点环节。把我国建设成生态环境良好的国家是全面建成小康社会的重要目标之一，全面建成小康社会，实现建设生态文明的目标，我们必须采取更加切实有效的经济、管理和法律等措施，重视节约资源，保护环境，扭转不利局面，使人们在生态良好的环境下生产和生活，实现经济社会的可持续发展。[27]

四、中国特色社会主义生态文明的建构

生态文明是人类社会文明发展的必然趋势，构建中国特色生态文明模式是在我国社会主义事业伟大征程中必须面临的全新课题，必须充分结合中国特色社会主义制度的强大优势，以中国特色生态文明理论为指导，结合中国经济社会发展实际，走中国特色生态文明发展道路，实现理论、制度和道路有机融合、相互作用，在实践中构建和完善中国特色生态文明模式。[28]

资本主义制度自身无法解决生态危机，只有不断坚持和完善中国特色社会主义制度，我们才能更加有效、更加彻底地治理当前生态危机，才能自觉把人们的生态利益放在第一位，实现人与自然的和谐相处，也只有这样，我们才能在治理生态危机过程中彰显中国特色社会主义制度的巨大优越性，提升我们的制度自信心。

确立和完善中国特色生态文明理论必须善于把握马克思、恩格斯生态文明思想这个理论基础，必须根据国情充分吸收各时期多种文明优秀的生态思想成果，只有这样，中国特色生态文明理论才能更加趋于完善。在全球化背景下，文化只有互相学习才能更加强大，在我国社会主义建设和改革中，汲取西方生态思想发展历程中正反两方面的经验教训是确立和发展中国特色生态文明理论的应有之义，是实现我国生态现代化的必然举措。

探索中国特色生态文明发展道路作为一项全局性、综合性的工作，是科学发展观确立的中华文明发展道路的一个基本特征，它会是使中国特色社会主义道路越来越宽广的必由之路。我国的生态文明建设尚处于初级阶段，传统发展观和粗放式经济增长方式造成我国公民整体生态意识淡薄，而要更加有效地推进我国的生态文明建设，我们必须努力发展贫困落后地区的经济，加大生态教育力度，努力将公民的环境保护行为转化为生态自觉行动。从国际视野来看，我国在生态文明建设方面应该积极与国际接轨，加强国际合作，积极调整国内与国际合作精神相违背的相关法律、制度等，全方位加强国际生态合作，只有这样，我们的生态文明道路才能从根本上解决国内外的生态危机威胁，从根本上保证未来我国生态环境的美好。

第二章　生态文明的生态学基础

第一节　生态学视角下的生态文明

一、生态学的发展及内涵

生态学一词是 1866 年由德国厄恩斯特·赫克尔提出的，"是研究生物及环境间相互关系的科学"。这里，生物包括动物、植物、微生物及人类本身，即不同的生物系统，而环境则指生物生活中的无机因素、生物因素和人类社会共同构成的环境系统。由于生态学研究对象的复杂性，它已发展成一个庞大的学科体系。根据研究对象的组织水平划分，生态学分化出分子生态学、进化生态学、个体生态学或生理生态学、种群生态学、群落生态学、生态系统生态学、景观生态学与全球生态学；根据研究对象的分类学类群划分，可分出植物生态学、动物生态学、微生物生态学、陆地植物生态学、哺乳动物生态学、昆虫生态学、地衣生态学以及各个主要物种的生态学；根据研究对象的生境类别划分，划分出陆地生态学、海洋生态学、淡水生态学、岛屿生态学等；根据研究性质划分，则分为理论生态学与应用生态学；此外还有学科间相互渗透而产生的边缘学科，例如数量生态学、化学生态学、物理生态学、经济生态学等[29]。

20 世纪 60 年代以来，生态学以前所未有的速度发展，这与迫切需要解决关系到人类生存的人口、资源、环境等严重问题有关。科学技术的进步和工业化生产的迅速发展，既给人类带来幸福与进步，同时也带来环境不断被破坏、资源日益衰竭的严重生态问题。有些问题已经超越国界成为全球性问题，包括与全球气候变化有关的温室效应、酸雨以及热带雨林的破坏、沙漠化的迅速扩展等。从生态学的基本观点看，人类是自然界生物的一员而不是主人。人类只能依赖于自然提供的各种条件才能生存与发展。自然系统为人类服务的限度是不能超过其环境负载容量和资源持续更新的能力。因此，现代生态学已不仅是通常意义上的研究生物与环境之间的关系，而是必须运用生态学原理，探讨人与环境的协调关系和对策，以达到可持续的生物圈的目的，这是现代生态学发展的明显趋势。[30]

二、生态学与生态文明

现代生态学主要研究包括人在内的生物与自然环境和社会环境间相互关系的系统科学，以求发现和掌握人类、生物和环境和谐发展的机制和规律，其核心是处理人与社会和自然生态系统的复杂关系。生态系统是自然界和人类社会的基本单元，人是地球生态系统的一个组成部分，人类社会的发展只是地球生态系统进化的一种表现形式，而不是它的全部。人类社会文明发展的前提是地球生态系统结构与功能的维持与发展，故人类文明的发展并未超越地球生态系统的发展。地球自然生态系统的持续性是人类赖以生存、社会经济得以可持续发展的基本条件，因此，生态文明是建立在生态系统不断进化基础上的持久文明。

生态文明涵盖了人与自然、人与人的全部关系。党的十八大所强调的"尊重自然、顺应自然、保护自然"的生态文明理念可以进一步理解为：尊重自然就是尊重生态学规律，顺应自然就是适应环境的变化，保护自然就是保护自然界的部分或整体。人类社会的进步正是认识、利用、改造和保护自然的结果，建设生态文明是人类社会永续发展的必然途径。建设生态文明的基本要求就是要改善生态环境，处理好生态环境问题，既是实现经济社会可持续发展的必要前提，又是建设生态文明的目标之一，同时还是建设生态文明的实现过程。建设生态文明的起点和终点都是生态环境问题，而中间的过程就是在资源环境条件允许的前提下，转变经济发展方式，实现经济社会的可持续发展。

生态文明是生态的文明（可持续发展的经济、社会、文化模式），更是文明的生态。现代生态学理论不仅是生态系统管理发展的理论基础，也是生态文明的理论基础。建设生态文明是生态学理论在人类文明发展道路探索中的具体运用，因此探究生态文明的生态学理论基础，对建设好生态文明具有直接的科学指导作用。

第二节　生态文明的生态学基础

在当代全球性的生态环境问题的背景下，生态学不仅成为生态文明的科学基础，而且成为环境保护的核心内容，为建设生态文明奠定坚实的科学基础。建设生态文明，就是按生态规律办事；建立人-社会-自然系统的和谐关系，实现社会生态系统的最优化、可持续发展[31]。

一、生态系统的整体性与时空尺度

（一）生态系统的整体性

整体性是生态系统最重要的特征，即生物与其生存环境构成了一个完整的系统，且任何生态系统都是作为一个相对独立的整体存在于特定的环境之中。生态系统是一个相互依存的、有着错综复杂联系的整体，这种联系集中表现在生物之间、生物与环境之间的相互依存与相互制约，协同进化，协调发展，具体地说，就是"物物相关规律"和"相生相克规律"。系统中的各种生物间相互依存、相互制约的关系是普遍存在的，便是"物物相关规律"；每个物种在食物链中占有一定的位置，具有特定的作用，这就是"相生相克规律"。这些规律要求我们要把生态系统作为整体看待，遵循整体规律，不应盲目地改变生态系统中的各种因子（如盲目引进或破坏某个物种，向生态系统排放污染物和废弃物），因为每个因子都不是单独的，都是整体中的因子，都与整体有关。

生态系统完整性是开展生态系统管理的目标和核心价值所在。[32]生态系统保持完整性是实现资源利用和经济社会发展可持续的前提。人类活动对地球生态系统和生物物种产生了极大的威胁，引起系统结构的破坏和功能的降低，或生态系统完整性的损失，因此，维护和恢复一个区域本身的基因、物种和群落的多样性，较好地表达生态完整性保护的目的。

（二）生态系统的时空尺度与生态文明的时空属性

生态系统是生命系统和非生命环境系统在特定空间和特定时间的有机组合。人类与生态系统的时空尺度有着密切联系，人类活动对某一尺度生态系统的干扰或压力，可能会导致其他尺度生态系统的变化，如人口增长的压力、生境的丧失与分割、生物资源的过度开发、环境污染等，破坏了生境的完整性和连续性，必然影响到物种的迁移和重建能力。同时，生态系统完整性考虑的不仅是生态系统当前的功能，而且包括系统应付外界压力的能力及其发展、再生和进化的能力，这也是可持续的内涵和本质。生态问题已不是一个地区或国家的局部问题，而是一个国际性的问题。一个地区的生态会影响到一个国家的生态，一个国家的生态会影响到全球的生态，并且当代人的生态问题会影响到后代人的生态环境。因此，生态系统的管理和决策应克服单一的、静止的和孤立的思维方式，需要在大尺度上权衡，把局部利益和生态系统的大局利益有机地联系起来，把眼前利益和生态系统可持续发展的长远利益密切联系，任何特定生态系统的管理都要与特定的生态系统特点相一致。

基于生态系统的生态学时空尺度特征，生态文明也具有时空的广泛性，具有全球性、公众性和长远性的特征。首先，生态学所研究的是一个互相依存的以及有着错综复杂联系的世界，它把整个自然界当作一种社会的模型加以研究，是世界观的范畴；其次，因为当今的生态环境恶化已不断地从区域性向全球性发展，从中等规模的破坏向大规模的破坏发展，成为全球性的严重问题，跨国性公害引起的灾难也是全球性的，所以必须从全球的高度来重视和共同努力，才能见效。第三，我们只有一个地球，地球是我们共同的家园，我们已进入人类进化的全球性阶段，生态环境不但涉及当代人的利益，而且还涉及后代人的利益，保护地球家园是地球村上每一个真正履行人道主义的居民应尽的义务和职责。

二、生态系统的功能与价值

生态系统与人类生存发展密切相关的功能主要表现为它的经济功能（价值）和环境服务功能（价值）。在价值观方面，需要强调的是，自然界的一切生命种群对于其他生命（含人类和其他生物）以及生命赖以生存的环境都有其不可忽视的存在价值。人类只是自然界的一个成员，但又不同于自然界生命系统中的其他成员，因为人类具有认识自然并能动地反作用于自然的能力，所以人类必须更加善待自然界的其他生命，更加善待为自然界生命的生存与发展提供条件的生态环境。只有这样，才能全面体现人类的价值，只有这样，人类才能实现社会、经济、生态的可持续发展，人类自身也才能生存得更好，这也是生态文明的价值观所包含的要义。因此，人类既要抛弃依赖自然、顺从自然、在自然面前束手无策毫无作为的自然主宰论（"自然中心主义"），又要抛弃主宰自然、征服自然、掠夺自然的人类主宰论和单一主体论（即"人类中心主义"），确立人与自然和谐相处、共同发展以及人与生物双主体相制共轭的双主体论。

生态系统内部的单元之间是相互关联的，所以生态系统的调控和管理只能通过影响系统组成、结构和生态学过程而发挥其作用，以获得相应的生态系统功能的输出。生态系统管理概念的提出就是对当今深刻的生态环境危机的一种响应，是人类保护环境、实现社会可持续发展的需要。生态文明要充分利用生态系统的每一项功能，通过对生态系统结构的优化，使其功能向更加有利于人与自然协调的方向发展。

三、生态系统的动态演替与可持续发展

（一）生态系统的自然循环体系

自然生态系统可以自我完成以"生产—消费—分解—再生产"为特征的物质循环、能量和信息流动。生态系统的能量流、物质流和信息流是生态系统的主要功能，也是我们必须掌握并运用于生态文明建设的基本原理。在这个循环体系中没有真正的废弃物，每一种生物的废弃物都可以成为另外生物的食物。生态系统中的能量流动是通过食物链来实现的，能量是通过生物成分之间的食物关系，在食物链上从上一个营养级到下一个营养级逐渐向前流动，是不可逆转的，具有单向性特征。通过复杂的"食物链"和"食物网"，循环体系中一切可利用的物质和能量都能得到充分的利用。在亿万年的地球历史进化过程中，地球上有限的资源通过自然循环、再生利用为生物的繁衍和发展提供了（时间积累意义上）近乎无限的生存资源和有利的环境，孕育并保障了地球生命的生生不息和持续、有序发展。

（二）生态系统的动态演替和进化

进化和演替是复杂系统动态属性的表现，也是生态学研究的核心内容。进化是系统在大的时空尺度上的演替，而演替则是在小的时空尺度上对历史的重演。系统在不同干扰条件下可以反复地发生不同性质的演替（正向、逆向演替），改变系统的结构、功能和演化的方向。人类所面临的全球生态循环恶化问题，实际上是由于人类活动的过度干扰所导致的全球生态系统的逆向演替。这种逆向演替的趋势如果得不到有效遏制，最终必然导致系统的崩溃。生物与环境之间以及生物与生物之间存在着协同进化的关系，彼此互为生存、进化与发展的条件，因此，必须寻求人与自然协同进化，即探索积极的动态发展路径，使人与自然关系实现真正的和谐。人类管理活动对自然动态过程的替代，必须认识到人类对生态系统产生的不同影响，管理就是企图动态地调控生态系统的演替进程和演替方向，避免它冻结在某个特定的状态或结构上。生态系统管理体制必须适应生态系统的动态发展，不断调整管理策略。

（三）可持续发展的循环经济模式

传统工业经济一方面从环境中掠夺式获取资源，另一方面又将生产、消费过程产生的废弃物排放到环境中，不仅对生态系统的物质循环造成了严重的影响，而且人类不合理的经济与社会活动还严重影响自然系统的水文循环、地质循环、大气循环和土壤再生等过程，导致日益严重的生态退化、环境污染、水土流失、气候变暖、生物多样性丧失等全球性生态环境问题，这些都直接威胁人类的可持续发展。从本质上讲，传统工业经济违背了物质循环利用的生命法则，使有限的资源、环境变得更加有限，具有明显的反环境本质，是一种不可持续发展的经济模式。因此，生态文明建设所提倡的循环经济，提高物质资源在人类生产、生活系统中循环利用的比例，减轻人类对进一步开采利用自然资源的依赖程度，既有利于可再生资源的恢复，也有利于不可再生资源更长期的利用。[33]通过降低资源消耗、提高资源循环利用效率、最大限度地减轻对环境的污染和压力，才能从根本上促进人类和谐地融入自然，才能实现人类与自然的共生共荣。

四、生态生产力与生态文明

生态生产力理论认为，生产力是人类在认识自然、尊重自然和保护自然的前提下利用自然，以使人类与自然在高度和谐统一中相互转换物质和能量，最终实现人类与整个自然生态系统和谐运作、持续发展和价值最大化的能力或趋向。具体来讲，首先，生态生产力的运行目标是人类与整个自然生态系统的和谐、健康、持续的发展，而不只是人类自身的发展；其次，生态生产力的运行过程是与自然界高度和谐统一的过程，是同自然界相互转换物质和能量的过程，这两个过程都体现了双向的、互补的、友善的、平等的过程，而不只是人类单纯地向自然界索取的过程；第三，生态生产力运行的前提是人类认识自然、尊重自然和保护自然，这充分体现了人与自然和谐相处的良好愿望和能力。生态生产力是未来社会生产力发展的必然，代表着先进生产力发展的方向。生态文明可以为生产力的发展提供更加广阔的空间，为生产力的发展提供更加坚实的保障，生产力发展是社会文明进步的内在动力，社会文明进步是生产力发展的必然要求，生态文明建设必须以促进先进生产力的发展为己任，作为自己的核心目标。

良好的自然生态系统和社会生态系统是先进的社会生产力发展的重要基础。生态文明观认为，自然生态系统和社会生态系统是密不可分的，人和社会的一切活动归根结底都必须建立在物质本源的基础上。而社会生态系统又可以反作用于自然生态系统，社会文明必须为生态生产力的发展服务，如提供智力（包括思想观念等）的支持、提供精神的动力保障、提供科技和机制的保障，特别是提供发展的空间和持续的时间。所以，人们在政治、经济体制改革和经济、文化结构调整中，要充分考虑有利于保护和改善自然生态系统和社会生态系统，使先进的社会生产力的发展成为有源之水；在生产活动和其他社会活动中要非常注意两大系统的协调发展，建立一种以高新技术为标志，以社会生态系统和自然生态系统协调、持续发展的崭新的生产方式——生态生产方式，集节约资源、保护环境和发展经济于一体（如生态经济或循环经济模式），并倡导绿色生活方式（特别是绿色消费），实现可持续发展。

五、生态平衡与生态承载力

生态平衡是指一个生态系统在特定时间内通过内部和外部的物质、能量、信息的传递和交换，使系统内部生物之间、生物与环境之间达到了互相适应、协调和统一的状态，这种状态具有一定的自控制、自调节和自发展的能力，这就是生态系统的生态平衡。同时，生态平衡需要有外部环境的补偿，如果环境太恶劣，生态系统无法从环境中得到补偿，就会衰退甚至消亡，所以生态平衡是由生物潜能和环境因素共同决定的。生物自调节的潜能也是有一定限度的，这种限度在生态学上称为阈值，超过这个阈值，自调节就失灵，生态平衡同样会走向衰退甚至消亡。

生态平衡是当今人类最关注的理论问题和最重要的实践问题，人类一切的生产和生活活动首先要建立在生态平衡的基础上。要实现生态系统可持续发展，人类在进行生产实践过程中应尊重生态系统的自生机制，不能随意开发和破坏，使生态系统保持在其阈值之内。如果一味对自然生态系统索取而不给予补偿，生态系统就会失衡甚至破坏，最终损害人类自己。对于已经遭到破坏的生态系统，人类必须给生态系统休养生息（如封山育林）或对生态系统予以适当的外部补偿（即环境补偿），主要借助于自然的自生机制恢复其生机。

当前，长期积累的环境污染已到了相当严重的程度，高污染的工业增长方式和过度的消费生活方式，进一步增强了环境恶化的趋势，有些甚至已经严重威胁到了人类的生存和发展。建设生态文明，实质上就是要建设以资源环境承载力为基础、以自然规律为准则、以可持续发展为目标的资源节约型、环境友好型社会。生态优先原则就是要充分考虑生态系统的承受力，在建设基础设施时要充分安排保护和改善生态环境的项目，进行国土整治，植树造林，控制水土流失和荒漠化，控制水体污染，在上马工程前要充分论证其对生态环境系统的影响，不能超过阈值，且要充分考虑弥补的措施，以修复自然生态系统。

第三章　海洋生态文明特征

第一节　人海关系的发展与海洋生态文明理念

海洋文明的演进即人类拓展海洋生存与发展空间的历史进程。有着五千多年不间断发展历史的中华文明，既包括内敛和高稳定性的农耕文明，也具有开放和开拓性的海洋文明基因。早在几千年前，中华先民就认识到海洋对人类生活的"渔盐之利"和"舟楫之便"，并逐步成为中华文明的源头之一。尽管自周、秦、汉、唐以来，华夏民族所创造的农耕文明逐步占据中华文明的主体地位，然而几千年来，中华各族人民，特别是沿海地区各族人民所探索和创造的海洋文明和文化，仍在中华大地上不断生根、开花和结果，形成了丰富多彩的海洋文明基因：一是非凡的探海能力，二是广大的管辖海域，三是繁盛的海上贸易，四是不断的海外移民，五是深远的海洋信仰，六是和平的海外交往。

一、古代人类对海洋的认识和利用

海洋是生命的摇篮，自从人类诞生之后，就与海洋结下了不解之缘。无论是中国还是西方国家，数千年的海洋开发史，曾给人类带来无以数计的利益。人类对海洋从恐惧到征服再到和谐相处的态度转变过程，也是人类不断探求人海关系发展的历史进程。

先民接触海洋、认识海洋、利用海洋资源是从采食海边的海洋生物开始，在中国的夏朝出现过"东狩于海，获大鱼"的文字记载，说明我们的祖先早已开始向大海寻求食物。继而再发明制造简单的渡海舟船进行近岸水中捕鱼，航海技术由此萌芽。此后，随着航海技术逐步提高，先民们的航海范围由近到远逐步拓展，这一方面使开拓较深水域的近海渔场成为可能；另一方面远距离航海活动实现并促进了经济、外交、军事等方面的运输活动。

（一）原始社会的海洋捕捞和海洋资源利用

一般而言，大陆架海区营养物质比较丰富，水质肥沃，初级生产力繁殖旺盛，容易形成资源比较丰富的大陆架渔场。中国近海大陆架宽阔，黄海、渤海完全属于陆架浅海，东海也拥有比较宽广的大陆架。我国近海南北跨越热带、亚热带以及暖温带三大气候带，又因为冬季大陆气候和沿岸流的影响以及夏季黄海冷水团的作用，所以我国海域为冷水性、温水性和暖水性海洋生物提供了优越的生长繁殖环境。所以，中国沿海地区自古以来海洋渔业资源就比较丰富，早在新石器时代，海洋就成为人类活动的场所之一，生活在沿海的居民已经开始从海洋中捕获生物来改善生活，开始了开发利用海洋资源的活动。此外，在这个时期我们的先民们还通过"煮海为盐"发明了提取海盐的技术。大约到了商周之际，煮海为盐的做法就已经被推广并开始普及。到西周时海洋开发活动加强，制盐业发展迅速，当时已专门设置了"盐人"这一职务。在《尚书》、《礼记》、《周礼》、《史记》等古籍中，都有"煮海为盐"的记载。[34]

（二）原始航海活动的兴起与发展

中国原始航海活动始于新石器时期，尤其是岭南地区，濒临南海和太平洋，海岸线长，大小岛屿星罗棋布。早在四五千年前的新石器时代，居住在南海之滨的南越先民就已经使用平底小舟，从事海上渔业生产。随着渡海舟船的不断改进，先民们在海上活动范围不断扩大，海上航行次数的增加使我国原始社会时期的海上交通也逐渐发展起来。其过程是由近距离的沿岸两地之间以及沿岸与邻近岛屿之间的航行，逐渐发展到较远距离的沿岸航行，或驶离海岸从事跨越半岛之间或海峡的横渡航行，再演化成远离大陆，在海洋上顺着洋流，进行远距离的"随波逐流"式的漂航[34]。21世纪初在宁波余姚田螺山遗址中发现的金枪鱼、鲨鱼、石斑鱼、鲸鱼等海洋鱼类骨骸，表明河姆渡文化（公元前5000至前3300年）时期已存在一定规模的近海渔业，不仅如此，至少在6000年前，河姆渡地区的居民就已经漂越大海，航行到了邻近的岛屿，在舟山群岛、宁波象山县高塘岛、温州瑞安北龙岛，甚至福建平潭岛都发现过河姆渡文化的遗存及元素。

（三）开辟海上丝绸之路，促进中外文化交流

在公元前475年至1330年这个时期内，中国的社会制度由奴隶社会变为封建社会，处于封建社会的早中期。社会制度的重大变化，使得生产力得到较大发展，科学技术也取得

了长足的进步。同样，我国的先民在对海洋的认识与利用方面也取得了巨大的进步，海洋科学技术得到发展。在海洋渔业方面，除了捕捞技术的提高之外，海水养殖技术的出现与进步表明海水养殖业也在不断地发展；在造船与航海方面，技术的不断进步使得我国人民能够远渡重洋，开辟"海上丝绸之路"。

海上丝绸之路是指 1840 年之前中国通向世界其他地区的海上通道，其由两大干线组成：一是从中国通往朝鲜半岛及日本列岛的东海航线；二是从中国通往东南亚及印度洋地区的南海航线。海上丝绸之路的雏形在秦汉时期便已存在，目前已知有关中外海路交流的最早史载来自《汉书·地理志》。西汉时期（公元前 206 至公元 8 年），中国除加强了与朝鲜半岛及日本的海上联系外，还开辟了由中国南方通向印度洋的航线。此后，随着海上丝绸之路的发展，相关记载日益丰富。例如，唐朝的贾耽（公元 730—805 年）详细描述了中国通向外部世界的 7 条主要道路；其中一条是通向朝鲜半岛的"登州海行入高丽、渤海道"，另一条是"广州通海夷道"。"通海夷道"这一概念，正是古代中国人对海上丝绸之路的概括。在宋元时期，中国造船技术和航海技术的大幅提升以及指南针的航海运用，全面提升了商船远航能力。这一时期，中国同世界 60 多个国家有着直接的"海上丝路"商贸往来。"涨海声中万国商"的繁荣景象，通过意大利马可·波罗和阿拉伯伊本·白图泰等旅行家的笔墨，引发了西方世界一窥东方文明的大航海时代的热潮[35]。

海上丝绸之路把世界不同的文明连接起来，促进了中外文化的交流，增进了中外人民的友谊，丰富了中国文化的内涵，并对整个人类文明史产生了深远的影响。

（四）中国明清的"海禁"政策对科学技术发展的限制

自汉代明确记载我国通过海道与其他国家进行贸易以来，随着海外交通的发展，海外贸易有了长足的进步，到元朝更是规模空前。但在元朝海外贸易兴盛的同时，也曾出现过四次"禁商下海"。元朝海禁就其影响而言，由于其海禁持续时间短，政策也不具有延续性等特点，使得海禁对元朝的海外贸易没有产生全局性的影响。中国海禁自元朝开始，后被明清所继承和强化[36]。"海禁"是明清两代闭关政策的核心内容，对中国社会产生了严重而深刻的影响。

海禁政策造成了中国科学技术落后，其主要原因有二：一是限制海外贸易、限制通商和航海活动，致使科学技术发展失去了一个基本动力。二是科学技术的发展离不开各国、各地区之间的交流，海禁阻止了这种交流。科技无国界，各国在发展中都要互相学习，这是规律也是常识。如果说在古代中外科技交流中主要趋势是中国影响国外，那么到清代以后，特别是十八、十九世纪，应该说主要的流向是由外到内，中国应向外国学习。而中国的闭关政策、海禁政策的内容之一就是排斥这些先进的科学技术和文化知识。科技交流主要是向西方学习，在十八、十九世纪主要是通过海路进行的，而海禁政策直接阻碍了西方科技文化的传入[37]。

（五）当代世界新海洋秩序

自古以来，人类就把海洋作为取得食品的场所和往来交通的场所。但是，第二次世界大战以后，由于科学技术的飞速进步，不仅利用海洋仰赖的两大领域本身发生了急剧的变化，而且还开辟了许多全新的利用领域。1982 年，随着第三届联合国海洋法会议通过了《联合国海洋法公约》，世界便进入了以 200 海里经济区制度作为主要内容的新海洋秩序时代。在这样的形势下，世界各国开发海洋的热情高涨。

目前已有 88 个国家划定 200 海里水域作为专属经济区，而且各国都很重视海洋调查研究和海洋科学技术的开发。美国继 20 世纪 70 年代后期发现锰结核以后，又对海底热水矿床和钴等新海底矿物资源进行了勘探，取得显著成果。里根总统将 1984 年称为"海洋年"，全美科学家学会负责制定《2000 年的海洋规划》，全美工程学会对海岸开发问题进行审议和研究，美国的海洋开发工作正在积极地进行。

法国 1984 年将国立海洋开发中心与渔业科学技术研究所合并为法国海洋开发研究所，这是个综合性的海洋研究所机构。同年建成先进的 6 000 米级潜水调查船，次年该船参加了日法联合的日本海沟调查。

德国、苏联、英国、意大利、加拿大等国也积极进行海洋科技的开发。苏联于 20 世纪 80 年代初便设置了苏联科学院海洋经济研究所和太平洋海洋研究所，加强了太平洋海域的研究活动。韩国于 70 年代在首尔设立了海洋研究所，建造了位于仁川湾海岸的大规模的临海研究设施，同时进行深海底矿物资源调查和潮汐发电技术的开发。

中国早在 1964 年就设立了国家海洋局，其下分南海、东海、北海三个分局，四个海洋研究所。此外，还有国家海洋局极地考察办公室、中国大洋矿产资源研究开发协会办公室，国家海洋信息中心、国家海洋环境监测中心、国家海洋环境预报中心、国家卫星海洋应用中心、国家海洋技术中心、国家海洋标准计量中心、中国极地研究中心、国家深海基地管理中心、国家海洋局海洋咨询中心、国家海洋局宣传教育中心、国家海洋局海洋减灾中心，以及国家海洋局天津海水淡化与综合利用研究所、国家海洋局海洋发展战略研究所等研究机构。目前国际海洋形势复杂多变，国际海洋秩序和全球海洋治理正在酝酿深刻变革，我国积极参与国际合作，与相关国家携手打造命运共同体、利益共同体、责任共同体。在建设 21 世纪海上丝绸之路战略指引下，我国积极开展与沿线国家海洋领域的合作与交流。

二、人海关系的历史变迁

虽然生命源于海洋，但人类的演化却发生在陆地，因而对海洋的认知也必然需要经历一个从无知到敬畏，再到初探，进而逐步深入摸索，并最终走向共存的漫长过程。正是人类对海洋认知的变迁指引自身完成了从远离海洋到深入海洋的行为转变。

人类从茹毛饮血、刀耕火种的生存状态中一路行来，最初面对大海的万顷碧波，莫说是对其所具备用途和危险的认识，即使是对大海的存在本身想必也有着诸多无知与不解。

在发明了最简易的竹筏、独木舟之后，人类逐渐从煮海盐、捕鱼虾以果腹，到鼓起勇气驶向大海，逐渐体会到了大海的宽广和资源的丰富以及它的危险与变幻无常。

随着人类科学技术的不断改进，对海上航行带来的便利以及海洋中蕴藏的资源与财富有了更深刻的认识，但海上活动的增加也使人们愈发感受到海洋气候、潮流的不确定性以及人类力量在自然面前的渺小无助。自身无力所带来的恐惧以及不甘受海洋摆布、向大海索利的欲望共同催生了人类对海洋"敬畏又崇拜"的认知，对海洋的开发利用俨然带着浓郁的敬畏情绪和顶礼膜拜的心理[38]。

此后，工业文明所带来的"改造自然"理念使人类有了名正言顺的理由去向海洋进军、向海洋索取；科学技术的进步则使这一理念越来越具可行性，从而推动人类海洋实践活动的速度、深度、广度、频度和规模都呈不断扩大态势。人类开始追求更远的航线、更深的海底勘探、更宏大的海上工程、更频繁的远洋捕捞、更危险的海洋科考、更尖端的舰船技术和更富威力的海上打击，人类的海洋认知开始从了解、熟悉逐渐走向有恃无恐。

然而，对"海洋"一味索取的片面认知很快引来了海洋的"报复"：海上石油工程的技术瑕疵和安全隐患导致了海洋溢油事件的发生，危及包括人类自身在内的整个海洋生态系统的安全；大规模的近海捕捞已使得包括我国在内的众多国家沿海渔业资源近趋枯竭。与此同时，人类改造自然的其他行为同样带来了海洋向人类社会的"反作用"：地球温室效应引发海平面上升，居住在海岛上的人们不得不直面生存空间全面丧失的危机；2004 年的东南亚海啸和 2011 年的日本东北海啸也使我们再一次清醒地意识到，即使拥有自以为先进的探测技术、危机预警系统和救援设备，人类在海洋的力量面前依然渺小无助。人们对海洋的认知必须、也确实正在走向"与海洋共生共存"。

人类海洋实践活动经历了海边捕鱼制盐、行舟海滨的初级阶段，靠海吃海、以海为生的中间阶段，索取海洋、为我所用的当前阶段。在那些甚至不清楚能从海洋中获得什么的岁月里，人类能从海洋获得的利益无疑是极为有限的，海洋活动的技能基本局限于海水制盐、浅海渔捞以及沿海岸线驾小舟行驶等初级技能。在经历了对洋流、海浪、潮汐、气候、鱼群洄游路线、船舶建造工艺等海洋自然规律的漫长摸索实践之后，终于逐渐出现了主要从事渔业、海上贸易、海上掠夺等活动的以海为生的群体，而这些群体又大多是因为生活空间靠近海洋，才成为主要依靠海洋资源、或主要以海洋为媒介生存的群体。工业革命及科技革命使人类改造自然的能力有了根本性提升，也由此开启了人类对海洋的全方位开发和利用：日益现代化的勘探技术使人们越发清晰地认识到海底所蕴藏的巨大财富；巨型商船、航空母舰的建造技术使大规模的远洋、甚至环球重型运输成为可能；声呐与雷达技术使金枪鱼等高附加值鱼类的远洋大规模捕捞变得相对便捷。海洋实践能力不再是沿海少数群体的专属技能，而成为向海索利、为我所用者将自身利益最大化的工具和手段。海洋利益令人类趋海而动，沿海而居，逐利海洋。与此同时，对海洋生态、水质、洋流等自然属性和规律的熟悉与了解也为人类带来了对这一自然环境下自身生存现状与前景的忧虑。当尖端科技把海洋变成人类逐利的舞台时，人类也开始意识到同时掌握保护海洋的技术是如此必要[39]。

三、海洋生态文明理念的发展

（一）古代社会"人海和谐"思想

中国是以农为本的国家，沿海民众从事农耕居多。沿海岸线除一些盐碱滩外，仍有大面积的农田。即便从事渔业、盐业、远航经商的人，所需的粮食也多由本村寨或本家族耕作、供给，沿海一带基本上仍是农耕经济。作为农耕文化主体的"天人合一"的思想观念，在沿海民族中仍占主导地位。只是因居住环境和劳动生活不尽相同，而形成中国海洋文化型的思想观念，即"人海和谐"的心态。他们祈求神灵保佑渔民出海平安和渔业丰收，创造了中国的航海女神，并立庙祭祀，定期迎神出会表演民间舞蹈。古人从太阳与大海的幻想中，创作了许多神话故事，以表达改造自然的意志和愿望。在《山海经》中就保存了华夏先民们关于海洋的神话记述，如"夸父逐日"、"精卫填海"等。先秦时代"蓬莱神话系统"中，我们可以看到人们对"海上三神山"的向往以及对大海的无限遐想。而汉朝历史学家司马迁所叙述的徐福东渡故事，则是秦末海外移民的真实写照。

（二）现代社会海洋开发利用的理念

通过考察人类与海洋互动的历史进程可以发现，在人类历史的变迁中，海洋和人类的关系十分密切，人类与海洋的关系是历史的一个重要主题，人类的涉海活动极大地影响着人类社会的变迁。尤其是在当今时代，一场以开发海洋资源、保护海洋权益为标志的"蓝色革命"正在兴起，越来越多的濒海国家把开发海洋作为重要国策，海洋已成为全球关注的焦点。

1994 年 11 月 16 日《联合国海洋法公约》正式生效。它确定了沿海各国领海及经济水域的范围，对开发利用大陆架自然资源等方面，亦做出了原则规定，并确定对共同开发共有的海洋矿产资源和保护海洋生物资源进行国际管理。可以预期，人类将进入一个有秩序的共同开发利用海洋的新时代。

在有人类活动的海域，人类的经济活动与海洋自然生态系统相结合，形成海洋生态经济系统，海洋本身也是人类生存发展的空间。海洋空间包括海域水体、海底、上空和周延的海岸带，是一个立体的概念。第二次世界大战以后，世界人口快速增长，陆地生态环境恶化，资源紧缺，加上海洋资源的大发现，驱动着人类向海洋空间拓展。面对当今人类肆意开发海洋导致的一系列海洋问题，需要重新审视和构建新型的海洋文明，即在重新审视开发海洋价值的基础上，融入人海和谐共生的理念，而不是片面的征服与索取，以促进人海和谐。

第二节　海洋生态系统与海洋生态文明特征

一、海洋生态系统

海洋生态系统是生态系统的一种类型，海水本身的流动性和海洋的三维整体性是海洋区别于大陆自然系统的根本特点，同时也构成了海洋自然属性的基本特征。

根据海洋特殊的生物类群和地理特征，可以将海洋生态系统界定为：由海洋生物群落（海洋植物、海洋动物、海洋微生物群落）与海洋非生物无机环境通过能量流动和物质循环联结而成的一个相互依存、相互作用并具有自动调节机制的自然有机整体。海洋生态系统是具有一定的生物组分和非生物组分的层次性空间结构[40]。

海洋生态系统类型多样，按海洋地理标准，可将海洋生态系统划分为内湾生态系统、沿岸生态系统、藻场生态系统、珊瑚礁生态系统、红树林生态系统、沼泽生态系统、外海生态系统、上升流生态系统等，其中，沿岸和内湾生态系统又可进一步划分为海湾生态系统、海岛生态系统、河口生态系统、海岸带生态系统等；按地理空间位置，可将海洋生态系统划分为海岸带生态系统、浅海生态系统、深海生态系统、大洋生态系统等；按经济利用类型，可将海洋生态系统划分为渔业生态系统、盐业生态系统、旅游生态系统等。

海洋一直以来都是人类经济系统和社会系统最重要的自然资源来源之一，海洋自然生态系统除为人类提供初级、次级生产资源和食品外，其在大气气体及气候调节、水循环、物质循环、废弃物处理等方面也扮演着重要角色。随着人类对海洋生态系统认识的逐渐加深，关于海洋生态系统服务的内涵也在不断延伸。根据联合国千年生态系统评估项目（MA）的研究结果，可将海洋生态系统提供的服务归纳为：①支持服务，包括初级生产、物质循环、物种多样性维持、生境提供；②供给服务，包括食品生产、原料供给、基因资料提供；③调节服务，包括气候调节、气体调节、废弃物处理、生物控制、干扰调节；④文化服务，包括休闲娱乐、精神文化、教育科研。

海洋生态系统服务包括人类已获得和海洋生态系统潜在服务两部分，由海洋生物组分、非生物组分和系统功能产生，以人类作为服务对象，主要通过海洋生态系统本身和海洋生态经济系统来实现。具体而言，气候调节、气体调节、生物控制、干扰调节、初级生产、物质循环、物种多样性维护等项服务的实现主要通过海洋生态系统自身的结构与功能来完成，并不需要海洋经济系统或海洋社会系统的参与，该项服务产生的过程即是其实现对人类服务的过程。而食品生产、原料供给、基因资料提供、废弃物处理、生境提供、休闲娱乐、精神文化、教育科研等项服务则需要海洋经济社会活动的参与才能实现，如食品生产必须有海洋经济系统的渔业产业活动参与；原料供给必须有海洋经济系统的海洋工业生产及其他生产活动参与；基因资料提供必须有海洋经济系统的海洋生物医药及海洋社会系统的基因技术参与；废弃物处理针对的是海洋经济系统生产活动、海洋社会系统生活活动及其他人类活动所产生的各种排海污染物，必须有海洋社会系统的政策法规参与；生境提供必须有海洋经济系统的工程建筑、交通运输等经济活动参与；休闲娱乐必须有海洋旅游经济活动参与；精神文化、教育科研则需要依托海洋社会系统中劳动者的智力创造。

海洋生态系统提供的服务，经过海洋经济系统或海洋社会系统的参与，便形成了各种海洋资源。所谓海洋资源是指在海洋生态系统自然力作用下形成并分布于海洋区域内、可供人类开发利用的海洋自然物质和自然条件。海洋资源既形成于海洋生态系统运行过程中，又对人类生产、生活具有使用价值。

（一）资源空间分布的复杂性

海洋资源的分布在空间区域上复合程度较高。海洋表面、海洋底部都广泛分布着各种资源，立体性强。另外在同一海区也存在多种资源。海洋资源区域功能的高度复杂性，使得海洋资源的开发效果明显，响应速度快，这样为合理选择开发方式增加了困难，要求必须强调综合利用，兼顾重点。[41]

（二）海陆开发联系的紧密性

一方面，海洋资源与陆地资源具有较好的互补性；另一方面，由于海洋资源的产品转化为商品的活动都是在陆地上进行，同时海洋污染的污染物 80% 来自陆地。因此海洋资源的开发应同陆地经济活动有机结合起来，实现海陆一体开发。这样才能把资源优势转化为经济优势，实现海洋资源的可持续发展。

（三）共享性与外部性

共享资源是指一定范围内任何主体都可享用的资源，如国家公园、野外游乐地、自然界的空气和阳光、世界公海等。海洋资源属于典型的公共资源，其产权难以界定，比如，海洋水体覆盖下的生物资源可以游动，深海和公海资源尤其如此。因此，海洋资源具有较强的非竞争性、非排他性和共享性，比如，海洋水体可以泊船、航行、捕鱼、养殖、排污等；可供多个开发主体共同开发利用，也由此产生了外部性，出现了掠夺性开发、破坏性排污等行为现象。

（四）生态脆弱性

随着社会经济的快速发展，我国海洋生态环境面临的压力与日俱增。2016 年夏季，海水中无机氮、活性磷酸盐、石油类和化学需氧量等要素的监测结果显示，近岸海域海水环境污染依然严重。劣于第四类海水水质标准的海域面积为 42 060 平方千米。劣于第四类海水水质标准的区域主要分布在辽东湾、渤海湾、莱州湾、江苏沿岸、长江口、杭州湾、浙江沿岸、珠江口等近岸海域。主要污染要素为无机氮、活性磷酸盐和石油类。呈富营养化状态的海域面积约 7 万平方千米，重度富营养化海域主要集中在辽东湾、长江口、杭州湾、珠江口的近岸区域。近岸典型海洋生态系统处于亚健康和不健康状态的海洋生态系统占76%[4]。由于我国海洋经济科技总体水平较低，海洋产业结构不合理，致使局部海域生态环境严重恶化，近海渔业资源破坏严重。因此，如何保证在发展海洋经济的同时保护好海洋生态环境是我国亟须解决的重大难题之一[42]。

海洋生态脆弱性与生态环境的自然属性紧密相连。海洋生态脆弱性作为自然界中客观存在的环境类型具有自身特定的性质，其反映海洋生态环境对外界压力变化的响应程度，与生态环境的自然属性紧密相连。对于有明显脆弱性的海洋生态环境来说，外界压力很容易超出其抵抗干扰的"阈值"范围，从而使海洋生态环境发生变化。

海洋生态脆弱性是自然属性与生态压力的双重表现。海洋生态脆弱性除与生态环境的自然属性相关外，还与其所受的生态压力密不可分。海洋生态环境自身性质仅是导致生态脆弱的潜在条件，而生态压力往往诱发这些潜在条件。

海洋生态脆弱性在时空尺度上处于动态状态。在人类活动的干扰下，海洋生态脆弱性在时空尺度上处于动态状态，向有利或不利的方向发展。人类将大量污染物排海或实施不合理的海洋资源开发利用活动往往造成一些相对稳定的生态功能失调并发生退化，导致脆弱生态环境的产生；但人类也有可能通过采用生态修复等措施促进生态环境向着稳定的方向演替，从而提高生态环境抵抗干扰能力和自我修复能力，降低海洋生态环境的脆弱性。

二、海洋生态文明特征

（一）人海和谐

人与自然本是一个不可分离的有机整体，大自然是人类赖以生存的家园，是人类进行一切活动的物质基础。生态文明注重人—环境—社会的相互关系，协调人与自然、人与社会、发展与环境的关系是生态文明的核心内容。生态文明的目的就是促进人与自然的和谐相处，形成人与自然之间和谐有序的发展[43]。

海洋生态文明，强调的是人与海洋的和谐发展。海洋生态文明使人类与海洋的和谐成为可能，它强调人类与海洋的一种融洽的关系，注重对海洋的保护，同时也注重对海洋的利用和保持海洋的原状，充分利用海洋，而又不伤害海洋，使人与海洋达到一种和谐。海洋生态文明的和谐性，不仅要求人与和海洋的关系达到一种和谐，也要求人作为主体在利用海洋时，要用一种机制和程序来保持人与海洋的和谐。人类通过发挥主观能动性，达到改造海洋的目的，在改造海洋的同时，使人类本身获得发展，又使海洋本身没有被破坏。人类在发展自己的同时，又保持了物质世界的统一性。这样一种主观能动性的发挥和保持世界的统一的结果，就是生态文明的和谐性的理念。海洋生态文明的和谐性，不仅是讲海洋生态文明本身的和谐性，也要强调生态文明与物质文明和精神文明的和谐性。物质文明创造的是经济利益，满足人们的物质要求；精神文明是一种非物质层次的更高的文明，是一种在物质文明后要求建立与物质文明相一致的文明，主要是满足人类生活文化的需要。物质文明和精神文明只是从人的层次来讲的，从满足人的需要来讲的。但是在满足人的需要的同时，我们必须考虑到人与海洋关系，抛开海洋发展的单纯的人的发展只是徒劳，也必将遭到海洋的"报复"。因此，人类在开发利用海洋的时候，必须尊重海洋、保护海洋，选择一条既保持经济增长，又能保证海洋生态平衡、海洋资源永续利用的发展道路。与此同时，还要正确处理人类整体利益与局部利益的关系，不能用局部发展损害全局利益，只有把人与人的关系处理和谐，才会有人与海洋的和谐发展。

（二）陆海统筹

海洋生态文明的另一特征是陆海统筹。由于人海关系的特殊性，人类开发利用海洋，而生活在陆地上，因此我们讲海洋生态文明，必须包含特定的陆域和海域范围，即以海岸线为基准，向陆一定范围作为陆域边界，向海一定范围作为海域边界。

陆海统筹是指在区域社会经济发展过程中，综合考虑海、陆的资源环境特点，系统考察海陆的经济功能，生态功能和社会功能，在海、陆资源环境生态系统的承载力、社会经济系统的活力和潜力基础上，以海陆两方面协调为基础进行区域发展规划、计划的编制及执行工作，以便充分发挥海陆互动作用，从而促进区域社会经济和谐、健康、快速发展。[44]

海洋生态文明，跳出和超越了海陆二分的自然限制，是以海陆关系的整体作为考虑地缘战略的出发点，以一种整合式思维对海陆关系进行全盘整合的新思路。就是要把陆地区域优势和海上区域优势结合起来，实现资源整合，推进陆海协调发展，促进海洋和陆地两大相对独立的子系统相互作用、相互影响、相互制约，最终形成具有特定结构和功能的区域复合系统。在这个区域复合系统的发展中，海洋具有与陆地同等的价值，海洋经济不再是陆域经济的附属，而成为区域经济发展的新增长点。

海洋生态文明，就是在国家发展战略中，破除长久以来的"重陆轻海"的传统观念，强化海洋意识、树立"蓝色国土"意识，将海洋和陆地看作一个有机整体，加强陆海之间的有机联系、相互促进和相互支援，促进海陆资源互补，力求陆海并举，实现陆海一体化发展。坚持陆海统筹，在近期发展规划上要突出发展海洋。坚持陆海统筹，在长远发展战略选择上要"重陆兴海"。

根据海、陆两个地理单元的内在联系，运用系统论和协同论的思想，在区域社会经济发展过程中，综合考虑海、陆资源环境特点，系统考察海、陆的经济功能、生态功能和社会功能，在海、陆资源环境生态系统的承载力、社会经济系统的活力和潜力基础上，统一筹划中国海洋与沿海陆域两大系统的资源利用、经济发展、环境保护、生态安全和区域政策，通过统一规划、联动开发、产业组接和综合管理，把海陆地理、社会、经济、文化、生态系统整合为一个统一整体，实现区域科学发展、和谐发展。

（三）开放包容

海洋生态文明的第三个特征是开放与包容。海洋广阔无垠，令人产生一种乘风破浪走向世界的愿望，产生一种很强的开放性。这种开放性主要表现在对外交往上，包括经济贸易、文化交流以及国家、地区间友好使者的来往和各个国家人民的互相侨居。中国是世界上一个有着光荣历史和灿烂文化的文明古国，中国古老文明影响遍及世界各地。东海的万顷波涛没能阻挡鉴真把中国文化圣火燃向东瀛岛国；郑和远航的帆船将东方古老智慧之花撒遍亚非各地；在16世纪之前，西方科学技术远远落后中国，其中造船和航运等方面，甚至落后达10个世纪以上。中国历史上的灿烂文明，通过海上和陆上逐步传播到北至东北亚、南抵东南亚的广阔范围内，形成一个具有强大生命力的汉文化圈。在明清时期，由于海上走私、倭寇活动猖獗，政府采取了严厉的闭关锁国政策，使得这一开放性受到压抑。[45]

"海纳百川，有容乃大"。海洋既是一个很强的开放系统，又有很强的包容能力和融合能力。有开放，就会有包容。开放性是使我们走向海洋，善于创造文化，传播文化；包容是使我们善于吸收并融合异国文化。沿海地区经济处于国内领先地位，接纳了来自内地与世界各国的移民，也接纳了丰富多彩的移民文化，这同时也不可避免地带来了不同文化间的交流与碰撞。海洋生态文明指引我们在与异国文化的交流、接触和碰撞中所表现出的包容性主要体现在胸襟的开阔和气度的宽和上，对各种异国文化都能与之和平共处，并在共处中吸收其营养，摒弃其糟粕，充实自我。

第三节 海洋生态文明的本质与内涵

一、海洋生态文明的本质

海洋生态文明可以从两方面理解：一是人类遵循人、海洋、社会和谐发展这一规律而取得的物质和精神成果的总和；二是人与海洋、人与人、人与社会和谐共生、良性循环、持续发展的文化伦理形态。[46]

海洋是地球的主体，是自然生态系统中最大的生态系统，海洋生态子系统的状况对地球生态母系统有着举足轻重的影响，海洋文明作为原生态文明的起源，是建立自然生态系统生态文明的条件和基础，海洋生态系统在自然生态系统中的基础性地位，决定了海洋生态文明是生态文明中最具分量的部分。因此，海洋生态文明构成了生态文明的重要组成部分，并成为整个生态文明建设的重要方面，对国家生态安全具有十分重要的战略意义。

海洋生态文明建设是海洋经济可持续发展的重要保障，同时也是海洋资源可持续利用的重要基础，是"人海和谐"的必然选择。我国是一个陆海兼备的大国，海洋是中华民族生存和发展的重要空间，在海洋上有着广泛的战略利益。综观人类发展趋势，国际政治、经济、军事和科技活动都涉及海洋，人类的可持续发展也将越来越多地依赖海洋资源，我国在人口多、资源相对不足、生态环境承载能力较弱的基本国情下，坚持以科学发展观为指导，处理好社会经济发展与海洋资源环境开发利用的关系，对于实现可持续发展尤为重要。改革开放以来，随着开发和利用海洋资源及海洋空间力度的不断加大，人类的生产活动严重影响了海洋生态环境的正常状态，破坏了原有海岸带的动态平衡，改变了海岸的形态，破坏了海洋生物赖以生存的栖息地。因此海洋资源的合理利用与生态的和谐发展对国家资源安全、经济安全乃至国防安全具有十分突出的战略意义，建设海洋生态、发展海洋经济成为我国社会主义经济社会发展的现实需求。在此背景下，国家"十二五"规划纲要和温家宝同志的《政府工作报告》，对海洋工作进行了全面部署，并对加强海洋环境保护提出了明确要求，海洋生态文明建设已成为促进海洋经济可持续发展和建设现代化海洋强国的必然选择。2008 年 11 月，厦门国际海洋周的主题确定为"海洋生态文明建设"，同月，海洋生态文明国际论坛在温州召开，明确提出"海洋生态文明作为生态文明的重要组成部分，是一种崭新的、和谐的文明形态，体现的是协调的生态观、平等的文明观和科学的发展观，是人类社会对海洋世纪的积极回应和奉献"。

建设海洋生态文明不能简单地理解为大力改善环境，同时既不能坚持"人类中心论"，也不能强调"自然中心论"，而是应以海洋经济开发的繁荣来维护海洋环境的生态平衡，以海洋生态环境的良性循环促进海洋经济开发的更大发展，两者相互独立，又互相支撑，最终形成一个和谐共荣的海洋生态文明局面。在充分意识到海洋的战略地位、作用的前提下，大力发展海洋事业、科学合理开发海洋资源、保护海洋生态环境、维护国家海洋权益、实现"和谐海洋"的海洋战略目标和促进海洋经济的繁荣发展是建设海洋生态文明的核心内容。具体而言，海洋生态文明建设，包括：思想观念层面，如可持续海洋发展观，包括海洋生态道德观、海洋生态效益观、国际海洋生态观及消费观等；机制和制度层面，如建立海洋自然生态系统与社会生态系统协调发展、良性运行的机制；物质生产层面，如遵循海洋自然生态系统的规律，建设海洋生态等。

综上，海洋生态文明是人类为保护和建设海洋而取得的物质成果、精神成果和制度成果的总和，是人与海洋、人与人、人与社会和谐共生、良性循环、持续发展的文化伦理形态。海洋生态文明建设，以人与海洋的和谐共生为核心（如图3-1所示），涉及人、自然、社会的方方面面，相互交错，互为影响，围绕人与海洋和谐共生，可以将海洋生态文明建设的内容归结为以下两点：①海洋生态系统的可持续发展。体现在海洋资源的可持续供给和海洋生态系统的良性循环。一是根据海洋自然生态承载能力和资源环境现状，开展适宜的用海活动；二是维护海洋生态平衡，通过海洋环境整治、海洋生态保护及修复等措施，确保生态良好、环境优化、协调持续。②人类社会的可持续发展。体现在社会经济的可持续发展和人的海洋生态文明意识的提高。一是形成节约能源资源和保护海洋生态环境的产业结构、增长方式和消费模式，实现经济社会可持续发展，不断提升人民群众的生活品质和符合海洋生态文明的生活方式；二是提高社会公众的海洋生态文明意识，强化公众对海洋自然规律、资源禀赋、生态价值、生态责任等的认识，自觉地关爱海洋、保护海洋、善待海洋，为促进海洋事业又好又快发展提供强有力的文化支撑。

海洋生态文明是一个系统，是指在经济社会和自然条件的基础上，以海洋为主体的人类主动参与的众多生物和非生物物质共同构成的系统。[47]人类与海洋生态系统及其各组成元素之间的活动关系可以看作是海洋生态文明系统的生态链。

（一）海洋生态文明系统的构成元素

海洋生态文明系统的构成要素中，生物成分中的人类组分处于最优势和最主导的地位，

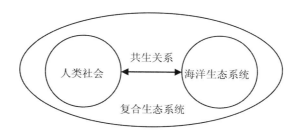

图 3.1　人与海洋共生关系

同时人类在其中的活动成为联结和耦合海洋生态文明系统的重要纽带。人类组分具有其本身的构成要素：活动于海洋生态系统中的主体，即人类自身；人类在海洋中活动所依赖的技术及工具，即各种硬件和软件设施、科学技术等；人类在海洋中获取的各种利益，如经济、娱乐等各方面获取的利益；人类活动对海洋生态系统造成的各种影响及后果等。可以看出，在这些构成要素中，生产工具在其中起到了至关重要的作用。没有生产工具，人类就无法自由活动于海洋生态系统中，也不会对海洋生态系统造成各种影响和后果。而生产工具的获取来自于人们对传统文化的传承与发展，来自于科技的创新与应用，来自于基础教育对于科学知识的认识与传播等。

在非生物成分中，显然海洋生态系统中的各种资源和能源成为最为重要的系统组分。人类在海洋中的活动绝大多数是依靠海洋资源和能源来获取自身所需利益。基于人类对于海洋的利用不仅仅只依赖无机的非生物资源，同样依赖有机的生物资源。因此，在这里的资源和能源构成要素不仅仅包括无机物资源和化石能源等，也包括动植物和微生物在内的各种资源等。故而，人类利用生产工具和科学技术活动于海洋中，对海洋资源和能源的开发利用并获取相关利益成为海洋生态文明系统的生态链。其中，在海洋生态文明系统中存在着几个重要的群落结构。第一，人工生态群落结构。这是海洋生态文明系统中人类能够利用海洋的重要背景结构。第二，自然生态群落结构。这是海洋生态文明系统中人类生存和发展并获取利益的重要环境基础。第三，人与海洋之间的群落结构。这是生态文明系统中的最为关键的群落环节，是人与海洋之间关系的详细写照。

（二）海洋生态文明系统元素之间的活动关系

海洋生态文明各子系统之间存在相互依存、相互影响的关系，通过改变子系统的功能因素来转变其主要功能，使整个生态系统向着更优化与高效的方向发展。海洋生态文明系统元素之间的活动关系表现如下。

第一，系统中各部分是相互联系、相互依赖的，保持各部分的和谐运转是海洋生态文明系统保持平衡的基础。其中，人类作为系统中最活跃的最主动的因素，在整个系统中扮演着从海洋生态系统向人工生态系统不停地输入能量和物质的主导者和最终受益者，同时也扮演着将人工生态系统的思维意识输出并施加于海洋生态系统的传输者。系统中的各个环节都是环环相扣，只要有一个环节出现问题，整个系统必然会受到影响。可见，海洋生态文明系统的协调与平衡最关键的因素在于人类及其活动，一旦人类能够将系统中各个因素之间的关系协调处理，整个系统的运行自然也就向着最和谐的方向发展了。

第二，系统中海洋生态系统是基础，人类不能够一味从海洋生态系统中索取，也应该从既得利益中拿出一部分作为修复与呵护海洋生态的补偿。没有海洋生态系统，海洋生态文明系统无法成为完整的系统，而且是最基础生态位的缺失。这就需要人类社会在经济水平提升过程中，更加应该兼顾生态基础的建设，如对海洋生态系统的保护，对其他无机环境基础的保护等。在这个过程中，无疑要求人类对海洋生态资源和能源的节约开发利用，反对人们对海洋生态系统的污染和破坏。一旦海洋生态系统失衡，整个海洋生态文明系统面临的同样是失衡，人类最终也无法从中获取任何利益，甚至会遭到由于海洋生态系统失衡而造成的一系列负面反馈影响。

第三，海洋生态文明系统的建设不是海洋生态系统或者某一子系统失去平衡的修补，而是主动地调节这些系统因素之间的和谐关系并且努力促使这些系统内部关系的协调。海洋生态文明系统存在复杂性和多样性，但是无论是多么复杂和多样的系统，都有一个重要的联结纽带，就是人类及其活动。故而，要主动调节系统的和谐状态，就需要从人类最初始的行为动机开始考察，源头上杜绝可能造成生态系统失衡的因素产生。因此就需要人类在生产生活中通过海洋消耗的减少、向海洋中输送垃圾的减少、过度捕捞海产品的减少、开发海洋能源对海水污染的减少等行为，尽量在不破坏整个海洋生态系统平衡的基础上进行人类活动，获取所需利益。最重要的是人类自身文化水平及素质的提升。作为整个系统的纽带，人类在其中无疑具有最重要的作用，没有了人类，也就谈不上文明系统。文明的系统需要文明的人类来构建，文明的人类又是人类社会文明的进步和发展带来的。故而，海洋生态文明系统的构建需要人类文明程度的提升，以文明的思维方式和行为模式来促进整个系统的平衡。人类是在接受了传统文化的传承，接受了现代知识的进步，再加上每一个人自身独特的思维方式才形成自身文明状态。可见，人类文明程度的提升是离不开社会文化发展的，海洋生态伦理、海洋文化知识、海洋文明理念等的传播对提升人类的素质和道德水平，对提升整个文明系统的水平起到了最基础、最核心的作用。[47]

二、海洋生态文明的内涵

关于海洋生态文明的内涵，陈建华[48]认为，海洋生态文明主要包括海洋生态意识文明、海洋生态行为文明、海洋生态道德文明、海洋生态制度文明、海洋生态产业文明等方面。刘岩认为，海洋生态文明是社会主义生态文明的题中之意和重要组成部分，是人类遵循人海和谐发展的客观规律而取得的物质与精神成果的总和[49]。杜强认为，海洋生态文明是人类在开发海洋、利用海洋、保护海洋的过程中，自觉地遵循海洋生态系统运动的自然规律，建立人与海洋之间和谐良性互动，维系双方可持续发展的一种文明形态，是由生态文明海洋价值理念、生态文明海洋发展模式、生态文明海洋消费模式以及与之相匹配的海洋生态文明制度等有机构成的一种与大陆生态文明相对应的人类社会文明形态[50]。本研究认为，海洋生态文明的内涵应当包括以下几个方面。

（一）海洋生态文明价值理念

生态文明作为社会文明的一个新阶段，反映的是人类认识过程的一次飞跃，同时也是人类伦理价值观念的大转变。过去我们常将人的价值与自然界的价值对立起来，视人类在自然界之上，主张人类中心主义：人为天地之尊，万物为我所用，世界上的一切事物都以对人类的需要与否而决定取舍；人与自然的关系是征服与被征服、改造与被改造的关系。海洋生态文明价值理念的建立，则是将人类视为大自然家庭中的一员，围绕人与海洋和谐共生，珍爱和善待海洋，保护海洋。根据海洋自然生态承载能力和资源环境现状，开展适宜的用海活动；维护海洋生态平衡，确保生态良好、环境优化、协调持续。

（二）海洋生态文明发展模式

一是沿海地区产业结构的优化，发展方式的转变。工业文明的生产方式，从原料到产品到废弃物，是一个非循环的过程。生态文明致力于构造一个以沿海地区海域和陆域环境资源承载力为基础、以自然规律为准则、以可持续社会经济文化政策为手段的环境友好型社会，科学规划产业布局，优化产业结构，实现经济、社会、环境的共赢；形成节约能源资源和保护海洋生态环境的产业结构、增长方式，实现海洋经济可持续发展。

二是具有核心竞争力的现代海洋产业体系的构建。既有海洋产业的转型升级、海洋生态工业的发展、海洋战略性新兴产业的培育和发展，又有海洋传统优势产业的壮大提升，生态养殖业的推广。用生态文明理念指导和促进滨海旅游业、海洋文化产业等服务产业的发展，构建优势突出、特色鲜明、核心竞争力强的现代海洋产业体系。

三是入海污染物的有效控制。①工业污染的有效防治。通过建立规划环境影响评价审查与项目环境影响审批联动机制、责任追究制度，促进工业污染的控制。通过沿海化工园区的环保专项整治，推进化工产业转型升级，采取淘汰关闭、限期治理、停产整顿等措施，完善园区环保基础设施，实现企业环境管理水平的提升。②生活污水处理、生活垃圾处置能力的提升。通过污水处理设施建设，实施市、县城区雨污分流和污水管网完善工程，提高污水处理厂负荷率和污水管网覆盖率。③农业面源污染的管控。在科学编制畜牧、水产养殖业发展规划，科学确定畜牧业养殖规模，全面划定禁养、限养区域的基础上，通过推广生态养殖技术，对新建规模化养殖场进行环境影响评价等措施，实现农业面源污染的管控。④入海河流及排污口的综合整治。将主要入海河流纳入水环境区域补偿工作范围，推进主要入海河流环境综合整治。

四是海洋生态安全屏障的构建。坚持海洋保护与开发并举、保护优先的原则，以海洋生态环境保护目标为约束条件，加强海岸带生态保护工作，强化对海岸带开发利用活动的引导。通过岸线资源的规划，保护岸线生态，建立海岸生态隔离带，形成以林为主，林、灌、草有机结合的海岸绿色生态屏障。对海岸侵蚀地带加强海岸防护，开展海岸侵蚀监测，强化海洋和滨海湿地生态保护。通过海洋保护区建设，在海洋生态健康受损海域组织实施海洋生态修复工程，恢复受损海洋生态系统功能，营造良好投资、宜居环境，培育新的海洋经济增长点。建立海洋生态环境安全风险防范体系，编制区域应急响应预案，加强海洋环境突发事件和区域潜在环境风险评估、预警的信息共享，提升海洋环境灾害、环境突发事件的监测、预警、处置及快速反应能力，保障海洋生态安全。

（三）海洋生态文明消费模式

作为人类文明发展过程中的一种新事物，生态文明消费模式与其他消费模式相比有其历史进步性，有不同于其他消费模式的时代特征和基本内涵，更好地体现了生态文明时代精神。从主要特征上看生态文明消费模式是对传统消费模式的超越。

与农业文明消费模式相比。农业文明消费模式受落后的生产力水平所限制，是一种内容单一、结构简单、水平低下的模式，人们的消费主要是满足生存所需，总体上是节俭节欲的；生态文明消费模式是建立在生产力水平较高和物质资料丰富的基础之上的，人们的消费已不再满足于生存而是要不断地发展，所以消费在数量和质量方面都有所提高。由于农业社会是个等级森严的社会，不同社会阶层的人消费水平、消费方式等都有较严格的区别，这与现代文明社会所提倡的公平消费显然是不一样的。因为落后的生产方式与相对低下的发展水平，农业文明消费模式对生态环境的负效应开始初步显现但并不显著，人们主要是从自然界中索取生存所需要的基本物质资料；而生态文明消费模式要求人们不能一味地从自然界索取，还要反哺自然，让自然界保持自身的平衡。

与工业文明消费模式相比。工业文明消费模式现在已广为诟病。在资本追求利益的推动下，人们大量消费、用过即扔，给环境造成了严重的负担。而生态文明消费模式不仅恢复消费的本来面目，使消费成为有利于人的身体健康和生活质量的手段，而且在此基础上注意消费过程和消费结果的控制，把人类消费活动置于"人—社会—经济—自然"这一宏大的坐标体系之中，将环境道德、消费伦理、文明价值标准、消费责任和义务扩展到非人的自然生态系统，强调在消费过程中自觉秉承消费适度和合理原则，尽可能地减少对自然的破坏，实现人与自然之间的和谐相处，让自然真正成为人类的美好家园。生态文明消费模式的基本内涵至少包括：①节约型。即资源节约和环境友好型。它提倡适度消费，反对过度消费，杜绝浪费和对生态环境的破坏。②发展性。节约不是表示消费停滞不前，而是不追求过度的物质享受，更注重人的精神消费，崇尚精神生活需求，满足社会交往、心理调适、精神高尚、娱乐审美等需求，让人得到全面的发展。③和谐性。这是公平正义的具体体现，也是建设社会主义和谐社会的基本要求。既包括人与人之间的消费公平与和谐消费，也包括人与自然之间的和谐相处。④可持续性。除了考虑资源的当代人配置问题，还要努力促进代际消费公平，从而保证当代人和后代人的消费需求及其实现能力，呈螺旋式不断地由简单稳定向复杂多变、由低层次向高层次递进。⑤有效性。消耗资源是无法避免的，重要的是要让有限的资源充分发挥其功效，注重使用结构的改善、使用效率的提高，还有消费废弃物的回收处理等。⑥公共性。注重社会公共消费和居民个人消费之间的合理关系，社会公共消费内部结构要合理，体现最广大人民的共同利益，保证广大群众能够享受公共财政资源。[51]

（四）海洋生态文明管理制度

海洋生态文明建设需要科学有效的管理。消除海洋生态文明建设中理念与实践的冲突，全面理顺海洋法律法规，做好法律法规间的衔接。

海洋环境保护法律体系的完善。《中华人民共和国宪法》、《中华人民共和国环境保护法》和《中华人民共和国海洋环境保护法》及有关海洋环境和资源保护的行政法规中有关海洋生态保护方面的法律及有关规定，对遏制海洋生态环境的恶化发挥积极作用；突出海洋保护与开发并举、保护优先的原则，培育和发展海洋生态产业集群，贯穿循环经济的发展理念，促进海洋循环经济的发展。

完善的海洋生态补偿法律制度。要明确界定海洋生态补偿的范围、主体、对象及具体标准、方式，落实相关配套的条例和规章，并完善海洋生态损害的司法救济途径。

海洋综合管理机构的健全。依照我国传统的海洋管理方式，涉及的管理部门有国家海洋局、交通部、农业部、边防、海关、军事等 20 多个，需进一步健全海洋综合管理机构，协调相关部门和沿海地方各级人民政府之间的海洋环境保护工作，充实执法人员，确保海洋管理机制的良性运行。

广大民众的海洋法制观念增强。海洋知识和海洋管理法制观念的普及对公民法律意识的提高和公民海洋意识的提高都有积极的意义，只有意识深入公民心中，我国的海洋法制建设才能运行良好，海洋管理法律法规才能得到及时有效的监督和运行。

第四章　海洋生态文明区的界定与定位

第一节　海洋生态文明区的界定

海洋生态文明区指达到人与海洋和谐共生的区域，包括特定的陆域和海域范围。海域空间具有明显的特殊性，海洋地理边界没有明显的标志，在确定海洋生态文明区的研究范围时应综合考虑海域和沿海陆域的空间特性、地理单元的完整性及行政管理边界等因素。

目前我国的生态区划的含义、原则和区划方法以及从大中尺度研究区域生态功能区划等方面的研究相对成熟。基本上依据自然条件、环境禀赋和自然生态因子进行分区。生态区划是在对生态系统客观认识和充分研究的基础上，应用生态学的原理和方法，揭示自然生态系统的相似性和差异性规律以及人类活动对生态系统干扰的规律，结合区域的社会、经济等多种因素综合考虑得出的。

海洋生态文明区的分类则可以运用海洋生态文明研究成果及生态学理论，依据自然、经济、社会因素特点及其内在联系所构成的空间组合形式的相似性和差异性，划分出不同类别的海洋生态文明区。

借鉴生态区划的原则和依据，我们认为海洋生态文明区分类包括以下几项原则。

（1）生态完整性原则

生态完整性主要体现在各区划单元必须保持内部正常的能流、物流、物种流和信息流动关系，通过传输和交换构成一个完整的网络结构，从而保证其区划单元的功能协同性，并具有较强的自我调节能力和稳定性，使区内表现出完整性、相似性和区际间的差异性。

（2）行政区域完整性原则

目前，我国并没有专门管理海洋生态文明区建设的部门，对于海洋生态文明区的区域战略决策、区域发展对策都要求区域永远是个体的，不能存在彼此分离的部分。同理，两个自然特征类似但彼此隔离的区域，也不能划到同一区域中，不同行政区域需交由各自行政管理机构来实施。

（3）可调整性原则

海洋生态文明区是不断发展变化的。海洋生态文明区的分类必须具有现实性，即以一定的时期作为分类的阶段界限，并以相同的时限对不同的区域进行分析归类，使之具有同期可比性。同时，随着时间的变化，分类也要做相应的调整，以适应变化了的生态环境，更好地起到指导区域发展的作用。对海洋生态文明区，应加大示范区督促考核、政策资金支持和技术指导力度，构建"有进有出"的建设管理机制。

一、以生态系统为基础的分区

在自然界中，各种资源和环境受到自然因素和人类活动的干扰，其特性（包括质量、数量和结构等）都随着时间和空间在不断变化。在这样不断变化的自然界中，存在着一种具有特殊性质的区域，它以斑块的形式出现，并在斑块内呈现出某些特性的相对一致性或均匀性，称这种斑块为生态区域。生态区域以生态系统的空间异质性为基础，反映了生态系统的结构和特性。它着眼于整个生态系统，包含了生物条件和非生物因素，陆地生态系统和水生生态系统，同时还体现了人类活动因素的影响。[52]

生态系统的状态是自然界长期发展演变和人类活动影响共同作用的结果，不同生态区域占据着不同的空间地理位置，具有各自的结构和组织功能，同时又区别于其他生态区域。因此，以生态系统为基础的分类体系是人们对于生态系统及其发展变化规律认识的一种表达，同时也是开展区域规划及高效管理的必要先行工作。这种方式划分出的海洋生态文明区，由相对一致的若干斑块组成，是由包括陆地生态系统和水生生态系统的相对完整的系统组成，它们在结构、功能和演变趋势上具有相似性或较为完整的连续性。

1. 海区级

毗邻我国大陆边缘的渤海、黄海、东海、南海互相连成一片，跨温带、亚热带和热带，自北向南呈弧状分布，是北太平洋西部的边缘海。因紧邻中国大陆，又有"中国近海"之称，是中国的四大海域。

渤海是我国的内海，三面环陆，在辽宁、河北、山东、天津三省一市之间。辽东半岛南端老铁山角与山东半岛北岸蓬莱遥相对峙，像一双巨臂把渤海环抱起来，岸线所围的形态好似一个葫芦。渤海通过渤海海峡与黄海相通。由于海洋生态文明区不仅包含海域也应包含一定的陆域范围，因此，若以渤海区作为海洋生态文明区，其范围除涵盖渤海外，还应当涵盖辽宁、河北、山东、天津三省一市邻近渤海的相应陆域。

黄海以渤海海峡与渤海相连，南以长江口北岸到韩国济州岛一线同东海分界，流入的各河携带泥沙过多，近岸海水呈黄色，故名。全部为大陆架，平均深度44米，中央部分深60~80米，最大深度140米。辽东半岛、山东半岛和朝鲜半岛西海岸曲折，多港湾岛屿。若以黄海区作为海洋生态文明区，其范围除涵盖黄海外，还应当涵盖辽宁、山东和江苏三省邻近黄海的相应陆域。

东海位于黄海以南，广东省南澳岛与台湾岛南端鹅銮鼻一线以北，长江口外的大片东部海域。东海西部为大陆架，占66.7%；东部为大陆坡。若以东海区作为海洋生态文明区，其范围除涵盖东海外，还应当涵盖东海邻近区域的相应陆域。

南海北起广东省南澳岛与台湾岛南端鹅銮鼻一线，因位于中国南边而得名，是中国最大的外海。若以南海区作为海洋生态文明区，其范围除涵盖南海外，还应当涵盖南海邻近区域的相应陆域。

2. 海湾级

海湾是重要的海洋生态系统，海湾岸线曲折，一般浪小流稳。海湾生态系统（bay eco-system）是指在近岸由陆地围成的半封闭水域环境与生物群落组成的统一的自然整体。[53]海湾岸线适宜开发，形成了滨海旅游生态风景区、沙滩、防护林、浴场等宝贵的天然资源。同时海湾区域多是水生生物重要的栖息地，是鱼类等天然水生生物资源重要的产卵场、育幼场、索饵场所，因而也是海洋初级生产力的高区之一。[54]以生态系统为基础的分类体系中，第二级为海湾级海洋生态文明区，还可以进一步细分为大海湾海洋生态文明区和小海湾海洋生态文明区。

大海湾包括辽东湾、渤海湾、莱州湾、海州湾、长江口、杭州湾、伶仃洋、北部湾等。

小海湾包括大连湾、西朝鲜湾、胶州湾、象山湾、乐清湾、三都澳、兴化湾、湄洲湾、东山湾、后海湾、大鹏湾、大亚湾、三亚湾、亚龙湾、海棠湾、三门湾、狮子洋、雷州湾、钦州湾等。

二、以行政单元为基础的分区

海洋生态文明区的分类归根结底是为生态文明建设与生态管理服务的，所以在确定分类体系时，除了要考虑生态系统的特点外，同时要考虑与现行的行政区划分、社会经济属性相关联，确定功能区边界时要尽量保证县或乡镇行政边界的完整性，以便于满足管理部门宏观决策的需要以及综合管理措施的实施。

按行政区划分，可分为海洋生态文明省、海洋生态文明市（县、区）。

1. 海洋生态文明省（市）

海洋生态文明省（市）是以省级行政单位为单元的海洋生态文明区。海洋生态文明省（市）可以在各沿海省市中产生。

2. 海洋生态文明市（县、区）

海洋生态文明市（县、区）是以市（县、区）级行政单位为单元的海洋生态文明区。目前在我国海洋生态文明建设实践中，正是以市（县、区）级行政单位为单元建设海洋生态文明区的，且具有较高的可操作性。

第二节 海洋生态文明区的分类分级

海洋生态文明区的分类分级研究是海洋生态文明区建设的基础。从管理层面出发，对全国进行生态文明建设管理分区，以便生态文明建设的推进和生态文明政策的落实。因此，对于海洋生态文明区的分类体系，我们考虑借鉴国内外生态功能区分类分级研究的相关成果。

一、海洋生态文明区的分类

根据课题组的研究，我们将海洋生态文明区分为 3 类，即人类社会的可持续发展指数滞后型、海洋生态系统的可持续发展滞后型以及同步型。[55]研究选取第一批国家级海洋生态文明示范区为研究对象，根据海洋生态文明区的概念与特征，将海洋生态文明区评估指标体系分为两大类，即海洋生态系统的可持续发展和人类社会的可持续发展。其中，海洋生态系统的可持续发展包含两个方面，即海洋资源的可持续供给和海洋生态系统的平衡；人类社会的可持续发展包含三个方面，即经济的发展、社会的进步和海洋生态文明意识的提升。依据动态性、层次性、完备性等原则，参照数据的可获取性和可量化性，构建海洋生态文明区评估指标体系，并通过德尔菲法（Delphi Method）确定各评估指标权重值。研究结果显示，8 个市（县）基本达到海洋生态文明区的要求，属于人类社会可持续发展指数滞后型；在海洋生态系统可持续发展方面最大的制约因素是区域海水质量状况，其次是海域空间资源利用和海洋生物资源利用；在人类社会可持续发展方面最大的制约因素是海洋产业结构，此外地区能源消耗、海洋科技进步、海洋文化传承与保护、海洋宣传与教育以及服务保障能力等也是今后需要改进的方面。

二、海洋生态文明区的分级

海洋生态文明区创建工作是落实科学发展观、推进生态文明建设的有效载体。按行政区划分，可分为国家级、省级、市级海洋生态文明区。对海洋生态文明建设示范区，应加大示范区督促考核、政策资金支持和技术指导力度，构建"有进有出"的建设管理机制，在示范区推动开展污染物入海减排和治理、海洋生态保护与建设、海洋经济产业转型升级、海洋文化宣传教育等工作。

（一）国家级海洋生态文明区

国家级海洋生态文明区是海洋生态文明建设的重要载体，是自然禀赋和生态保护良好，海洋资源开发布局合理，海洋管理制度机制完善，海洋优势特色突出，区域生态文明建设发展整体水平较高的区域。第一批国家级海洋生态文明建设示范市、县（区）包括山东省威海市、日照市、长岛县，浙江省象山县、玉环县、洞头县，福建省厦门市、晋江市、东山县，广东省珠海横琴新区、南澳县、徐闻县。

第二批国家级海洋生态文明建设示范区包括辽宁省盘锦市、大连市旅顺口区，山东省青岛市、烟台市，江苏省南通市、东台市，浙江省嵊泗县，广东省惠州市、深圳市大鹏新区，广西壮族自治区北海市，海南省三亚市和三沙市。

国家级海洋生态文明区是深化海洋综合管理，促进海洋强国建设的重要抓手，对于推动沿海地区经济、社会发展方式转变，实现海洋环境生态融入沿海经济社会发展具有重要作用。国家级海洋生态文明区对引领带动沿海地区海洋生态文明建设、推动全国沿海地区开展海洋生态文明示范区建设工作具有重要意义。

根据国家级海洋生态文明区建设指标体系，在区域经济发展、资源集约利用、生态保护建设、海洋文化培育、保障体系建设 5 个领域综合值达到优秀的区域，可以认定为国家级海洋生态文明区。例如，2013 年确定的国家级海洋生态文明建设示范市、县（区）包括山东省威海市、日照市、长岛县，浙江省象山县、玉环县、洞头县，福建省厦门市、晋江市、东山县，广东省珠海横琴新区、南澳县、徐闻县，这 12 个示范市、县（区）的评估得分均在 90 分以上。

（二）省级海洋生态文明区

根据国家级海洋生态文明区建设指标体系，在区域经济发展、资源集约利用、生态保护建设、海洋文化培育、保障体系建设 5 个领域综合值已达到良好水平，但未能达到国家级海洋生态文明区评估标准的区域，可以认定为省级海洋生态文明区。

（三）市级海洋生态文明区

根据国家级海洋生态文明区建设指标体系，在区域经济发展、资源集约利用、生态保护建设、海洋文化培育、保障体系建设 5 个领域综合值已达到较好水平，但未能达到省级海洋生态文明区评估标准的区域，可以认定为市级海洋生态文明区。

第三节　定位分析

一、海洋生态文明区建设的重要性分析

（一）海洋资源的重要性

跨入 21 世纪，随着陆域资源的紧张和能源的日益短缺，人类的触角正加速向海洋延伸，海洋成为世界主要沿海国家拓展经济和社会发展空间的重要载体。中国享有主权和管辖权的海域面积广阔，约 300 多万平方千米，约占陆地领土的 1/3；其拥有着绵延 3.2 万千米的海岸线，其中包括 1.8 万多千米的大陆海岸线、1.4 万千米的岛屿岸线。中国海域海洋平均深度 961 米，海洋最大深度 5 377 米，富含着各种海底矿产资源、海洋生物资源、空间资源、港湾资源、海水资源和海洋能资源。

1. 中国海域地质构造多样，海洋矿产资源、矿业品种丰富多样

首先，我国近海海域内蕴藏着比较丰富的石油、天然气资源。目前，在渤海海底盆地中已经发现了10多个油田，其中较大的油田单井日产原油达1 600吨、天然气19万立方米，具备相当好的开发前景；在黄海海域的"北黄海盆地"也有不错的油气开发远景；东海有2个大的含油气沉积盆地，总面积有40.2万平方千米；在南海海区有半数以上盆地的油气储量据估计已经达到100亿~300亿吨，构成了环太平洋区含油气带西带的主体部分。从我国近海已经发现和圈定的油气构造带上看，基本具有位置好、面积广、油源近等优点，我国近海油气田储量丰富，开发前景十分广阔[56]。其次，中国海洋矿业矿种主要包括海滨砂矿、海滨土砂石等非金属矿以及海滨有色金属、海滨贵金属矿等金属矿种。其中，滨海砂矿拥有的矿种达60多种，已发现的滨海砂矿几乎覆盖了黑色金属、有色金属、稀有金属和非金属等各类砂矿，其中以钛铁矿、锆石、独居石、石英砂等规模最大，资源量最丰。现已发现的钛、锆、铍、钨、锡、金、硅和其他稀有金属，分布在辽东半岛、山东半岛、福建、广东、海南和广西沿海以及台湾周围，且以台湾和海南最为丰富。

2. 中国海域拥有丰富的海洋生物资源

中国海洋生物资源种类繁多，现已记录有物种20 278种，隶属44门，其中黄海、渤海1 140种，东海4 167种，南海5 613种，浅海滩涂生物约2 600种。中国诸海区的生物产量为2.7吨/平方千米，总生物生产量为1.3×10^{7}吨，已经确认海域浮游藻类有1 500多种，固着性藻类320多种，海洋动物共有12 500多种。中国的渔场是世界上最重要的渔场之一，年可捕鱼量可保持500万吨以上，是发展浅海养殖业和海上牧场、形成具有战略意义食品供应基地的重要资源。科技的发展也带动了海洋生产力的发展。截至20世纪末，中国贝类养殖总产量已达到794万吨，大型藻类养殖产量130多万吨，对虾养殖产量达17万吨，海水鱼类养殖产量接近34万吨，海洋水产品总产量达2 472万吨，占世界渔业总产量的1/4，居世界第一位。[57]

3. 中国海域拥有极大发展空间的旅游资源

中国海域从北到南共跨越近40个纬度和温带、亚热带、热带三个气候带。滨海地区除环境优美、海洋景观多样、海洋物产丰富外，还具备"阳光、沙滩、海水、绿色、美食"等旅游要素。2012年，我国提出海洋强国战略；2013年，习近平总书记提出21世纪海上

丝绸之路的战略构想,这充分说明我国高度重视并积极推动海洋经济的发展。随着滨海旅游基础设施和配套设施的逐渐完善,滨海度假产品也应运而生,滨海旅游逐渐成为带动海洋经济发展的重要产业支柱之一。据国家海洋局发布的《2015 年中国海洋经济统计公报》显示,2015 年,我国滨海旅游业的增加值为 10 874 亿元,占同年我国主要海洋产业增加值的 40.6%,比上年增长 11.4%,超过同期海洋产业 3.4 个百分点、全国 GDP 4.5 个百分点[58]。

(二) 海洋经济的重要性

海洋经济、临海产业的快速发展,人口以及滨海城市的聚集已成为拉动沿海地区经济社会发展的重要引擎。

1. 海洋经济地位稳步提升

近 10 年来,海洋生产总值一直保持着强劲的增长势头,年平均增长速度达到 13.14%,超过 10 年来 GDP 的平均增长速度 (13.09%)。2014 年,中国的海洋生产总值达到 60 699.1 亿元,比 2005 年 (17 655.6 亿元) 增长了 2.4 倍。不仅海洋生产总值有了明显提升,海洋产业结构也得到了优化,海洋三次产业比重由 2005 年的 5.7∶45.6∶48.7 调整为 5.1∶43.9∶51[3],第三产业比重进一步提升。

2. 海洋新兴产业增势强劲

"十二五"前 4 年,海洋战略性新兴产业年均增速达 15% 以上,远高于海洋产业年均增速 (11.7%) 水平。其中,海洋工程装备制造业迅速崛起,2014 年我国海洋工程装备新承接订单 147.6 亿美元,占世界市场份额的第一位;海水利用产业化进程进一步加快,"十二五"前 4 年,全国海水淡化日处理能力提高了 33.1 万吨;海洋生物医药产业规模迅速扩大,2011—2014 年产业增加值年均增速达到 19.6%。海上风电快速发展,2011—2014 年海洋电力业增加值年均增速达到 25.3%。[59]

3. 人口与产业向沿海地区聚集

海洋发展新趋势正引发我国沿海城市空间组织的诸多变化:一是城市发展重心向海岸带的转移。已经或正在加速形成"滨海—内陆"的双核结构。我国沿海城市都重视海岸带地位的提升,正在深刻改变城市空间组织。二是城市产业区的滨海组团发展。在海岸带加速形成多个涉海产业的功能组团，如开发区、工业园区、生态城、滨海新城等，组团间以快速交通体系相连并实现联动发展。例如，青岛市改变以往胶州湾沿岸东西发展不均衡的局面，实施"环湾型发展"战略，统筹胶州湾地区的生产力布局，又加速构建多座跨海大桥和环湾国道，实现各组团间的联通，使得胶州湾成为"城市内湖"[60]。目前，据统计，世界上约有 60% 的人口居住在离海岸线 100 千米的范围内，在东南亚沿海地区，人口更是集中，达到 75%[61]，而且仍有大量人口从内陆迁往沿海地区。

（三）海洋生态文明区建设的重要性

1. 海洋生态文明区建设是贯彻落实科学发展观的具体体现和重要保障

科学发展观的基本要求是全面、协调、可持续，其中全面发展是要求在推进经济建设、政治建设、文化建设、社会建设的同时，要推进生态建设，在实现物质文明、政治文明、精神文明的同时，还要实现生态文明。生态文明建设是贯彻落实科学发展观的基本要求，海洋生态文明建设作为社会主义生态文明建设的重要组成部分，既是贯彻落实科学发展观的基本要求，也是贯彻落实科学发展观的具体体现。因为在海洋领域贯彻落实科学发展观，必然要求在开发利用海洋的过程中，加强海洋生态文明建设，充分尊重海洋的自然规律，以海洋环境承载能力为基础，不断提升资源集约节约和综合利用效率，促进人与海洋的长期和谐共处，最终实现海洋经济的全面、协调和可持续发展。同时，海洋生态文明区建设是实现科学发展主题的重要保障。一方面，海洋生态文明区建设从保护海洋生态环境的角度出发，要求人类敬畏自然、尊重海洋，减少对海洋的干预与破坏，形成人类与海洋和谐共生的局面。另一方面，海洋生态文明区建设从发展海洋经济的角度出发，要求人类要遵循海洋发展的自然规律，科学开发和合理利用海洋资源。在发展海洋经济的同时，更加注重保护海洋生态环境，以海洋生态环境的良性循环促进海洋经济的快速发展，最终形成人类与海洋和谐相处、共同发展的格局。

2. 海洋生态文明区建设是发展海洋经济的现实需要

首先，海洋生态文明区建设是海洋经济发展的重要目标。海洋经济是我国国民经济的重要组成部分，在国民经济中的地位日益提升，已经成为带动我国经济快速发展的重要引擎。发展海洋经济的直接目的是为人类创造物质财富和经济价值，但科学发展观的实质告诉我们，发展海洋经济还有另外一个重要目标，那就是建设海洋生态文明，实现人类文明与海洋文明和谐共存。其次，海洋生态文明区建设是合理开发利用海洋资源的重要前提。海洋资源是国家战略资源的重要组成部分，海洋资源的开发利用为国民经济和社会发展提供重要的物质基础。近年来，我国海洋资源开发保持平稳态势，但海洋资源利用率不高一直是制约海洋资源开发和海洋经济发展的一大瓶颈。海洋生态文明区建设以改善海洋生态环境、维护海洋生态平衡为目标，有利于促进海洋资源开发技术的进步，是合理开发利用海洋资源的重要前提。再次，海洋生态文明区建设是转变海洋经济发展方式的内在要求。我国海洋经济发展尽管取得突出成就，但由于缺乏全局性的宏观调控和统筹协调，海洋经济发展的结构性问题比较突出，既包括产业结构问题，也包括区域结构问题。由于海洋经济发展与海洋环境保护不相协调，近岸海域出现了严重的环境问题，转变海洋经济发展方式任重而道远。在这样的形势下，推进海洋生态文明区建设，调整海洋经济结构，优化海洋产业布局，形成节约集约利用海洋资源和有效保护海洋环境的发展方式，就成为发展海洋经济的内在要求。最后，海洋生态文明区建设是促进海洋经济可持续发展的有效举措，海洋生态文明区建设不仅可以为海洋经济的发展创造良好的海洋生态环境，而且海洋生态文明区建设体现的是一种科学的发展理念，要求在发展经济的同时注重保护生态环境，而不是采取过去那种先污染后治理或边污染边治理的传统发展模式，海洋生态文明区建设的本质内涵要求节约集约利用海洋资源，这既有利于节约和保护海洋资源，转变海洋经济发展方式，也有利于促进海洋科技进步，提升海洋经济的科技含量，确保海洋经济健康、快速、可持续发展。

3. 海洋生态文明区建设是构建和谐社会的迫切需求

第一，海洋生态文明区建设是构建和谐人海关系的必由之路。当前，我国人地关系、尤其是人海关系并不和谐，主要表现为人类对海洋资源的过度开发，对海洋生态的严重破坏以及对海洋环境的污染加剧，同时，海洋也在以自己的方式报复人类，厄尔尼诺、拉尼娜现象威力巨大，赤潮、绿潮现象时有发生，海水入侵和土壤盐渍化状况不断加剧。构建和谐的人海关系不仅是构建和谐人地关系的重要内容，也是实现人类与海洋和谐相处的重要前提和根本保证，构建和谐的人海关系最为有效的途径就是加快海洋生态文明建设。第二，海洋生态文明区建设是实现人与自然和谐相处的关键所在，人与自然和谐相处是经济社会发展的终极目标，是科学发展观的本质要求，是构建和谐社会的重要任务。近代以来，由于科学技术水平的发展，人类认识自然、改造自然的能力大大提高，人类在征服自然、利用自然取得巨大成果的同时，对自然均衡状态的破坏也达到了相当严重的程度。人类文明起源于海洋，21世纪又是海洋的世纪，海洋生态文明区建设作为生态文明建设的重要组成部分，是维护生态平衡、实现人与自然和谐相处的关键所在。

二、海洋生态文明区建设在全国生态文明建设中的地位

（一）海洋生态文明区建设是全国生态文明建设的重要组成部分

海洋生态文明区建设是社会主义生态文明建设的重要组成部分。我国陆地面积为960万平方千米，海洋面积约300万平方千米，是一个陆海兼备的大国，海洋是中华民族生存和发展的重要空间。我国沿海地区以15%的土地养育着40%以上的人口，70%以上的城市分布于海岸带地区，海岸带地区的工农业增加值占国民生产总值的55%[62]。近年来，海岸带地区的资源和环境问题日益严重，主要表现有[63]：①海岸带地区的人口密度增长过快，而人口是造成资源短缺、环境恶化和各种矛盾冲突的主要潜在因素；②临海工业迅速发展，城市化进程加快，争地矛盾突出；③工农业废水和生活污水的大量排放造成了近岸海域污染和淡水资源的短缺；④海岸带资源的过度开发造成资源的衰退；⑤海平面上升使得海岸侵蚀加强，大片滨海湿地丧失以及洪涝灾害增加；⑥由于各种自然和人为因素的影响，渔业资源不断退化。因此，人类在开发利用海洋过程中应充分尊重海洋的自然规律，以海洋环境承载能力为基础，不断提升资源集约节约和综合利用效率，促进人与海洋的长期和谐共处，就显得尤为重要，只有解决好海洋、海岸带地区经济发展与生态环境之间的关系，才能实现全国生态文明建设的胜利。

（二）海洋生态文明区建设为全国生态文明建设积累经验

海洋生态文明区建设为全国生态文明建设积累经验，是全国生态文明建设的重要基础。海洋生态文明区建设已经从理论研究进入实践应用阶段。2012年2月，国家海洋局下发《关于开展"海洋生态文明示范区"建设工作的意见》，就推动沿海地区海洋生态文明示范区建设提出了明确意见和目标，力争到"十二五"末建成10~15个国家级海洋生态文明示范区。2012年4月，广东省创建全国海洋生态文明示范区启动仪式在珠海举行。广东省作为我国海洋经济大省，在建设海洋经济综合试验区的同时，创建国家级海洋生态文明示范区。2012年6月7日出版的《人民日报》刊登时任国家海洋局党组书记、局长刘赐贵的署名文章《加强海洋生态文明建设 促进海洋经济可持续发展》。他指出，加强海洋生态文明

建设的总体思路是：深入贯彻落实科学发展观，以提升海洋对我国经济社会可持续发展的保障能力为主要目标，以提高海洋资源开发利用水平、改善海洋环境质量为主攻方向，推动形成节约集约利用海洋资源和有效保护海洋生态环境的产业结构、增长方式和消费模式，在全社会牢固树立海洋生态文明意识，力争在海洋生态环境保护与建设上取得新进展，在转变海洋经济发展方式上取得新突破，在海洋生态文明建设上取得新成效。2012 年 10—11 月，国家海洋局派专家组对拟申报"国家级海洋生态文明示范区"的威海市、日照市、长岛县、象山县、玉环县、洞头县、厦门市、晋江市、东山县、珠海横琴新区、徐闻县、南澳县 12 个申报地进行评估考察，对各申报地的海洋经济发展、海洋资源利用、海洋生态保护、海洋文化建设以及海洋管理保障 5 个方面进行综合评估。2013 年 2 月，12 个申报地获批"国家级海洋生态文明示范区"[64]。2016 年 2 月，盘锦市、大连旅顺口区、青岛市、烟台市、南通市、东台市、嵊泗县、惠州市、深圳市大鹏新区、北海市、三亚市、三沙市 12 个申报地获批第二批国家级海洋生态文明示范区。经过几年的努力，海洋生态文明区建设取得了一定的成效，也发现了一些问题，这些通过实践获得的宝贵经验，可以为全国生态文明建设提供参考与借鉴。

第五章 海洋生态文明区建设与示范

第一节 海洋生态文明区建设思路

一、海洋生态文明区建设的指导思想

以邓小平理论、"三个代表"重要思想、科学发展观为指导，全面贯彻党的十八大和十九大会议精神，深入贯彻习近平总书记系列重要讲话精神，认真落实党中央、国务院的决策部署，坚持"陆海统筹、协调发展"，大力弘扬海洋生态文明意识，切实提高海洋综合管控能力，着力改善海洋生态环境，大力实施科技兴海战略，以促进海洋资源环境可持续利用和沿海地区科学发展为宗旨，探索经济、社会、文化和生态的全面、协调、可持续发展模式，引导沿海地区正确处理经济发展与海洋生态环境保护的关系，确保海洋对经济社会可持续发展的保障能力得到稳步提升。

二、海洋生态文明区建设目标

作为生态文明建设的重要组成部分，海洋生态文明建设也就是坚持生态文明理念，引导沿海地区正确处理经济发展与海洋生态环境保护的关系，推动沿海地区发展方式的转变和海洋生态文明建设。建立基于生态系统的海洋综合管理体系，坚持"问题导向、需求牵引"、"陆海统筹、区域联动"的原则，以海洋生态环境保护和资源节约利用为主线，以制度体系和能力建设为重点，以重大项目和工程为抓手，推动海洋生态文明制度体系基本完善，海洋管理保障能力显著提升，生态环境保护和资源节约利用取得重大进展，推动海洋生态文明建设水平有较大幅度的提高。

总体目标：构建优势突出、特色鲜明、核心竞争力强的现代海洋产业体系，实现海洋经济又好又快的发展；海洋资源开发利用能力、效率大幅提高，基本形成节约集约利用海洋资源的发展方式；入海污染物排放得到有效控制，海洋环境质量明显改善，海洋生态系统服务功能得到有效维护；加强海洋历史文化挖掘，加大社会公共文化设施建设和开放水平，开展多层次、多形式的海洋生态文明科普宣传和媒体传播，实现海洋生态文明观念在全社会中牢固树立；进一步改革完善海洋管理体制，加大体制机制创新力度，实现海洋管理保障能力稳步提高。

海洋生态文明区建设的具体目标要结合各地的实际情况而定，内容涵盖以下几部分：①海洋经济综合实力增强；②海洋资源实现集约利用；③海洋生态环境改善；④海洋文化建设有新成果；⑤海洋管理保障能力进一步提升。

三、海洋生态文明区建设的主要任务

海洋生态文明区建设的主要任务包括以下方面。

（一）优化沿海地区产业结构，转变发展方式

依据沿海地区海域和陆域资源禀赋、环境容量和生态承载能力，科学规划产业布局，优化产业结构。积极推广生态农业、生态养殖业，大力发展海洋生物资源利用、海水淡化与综合利用、节能环保、海洋能开发等海洋新兴产业，发展循环经济和低碳经济，用生态文明理念指导和促进滨海旅游业、海洋文化产业等服务产业的发展。提高海洋工程环境准入标准，提升海洋资源综合利用效率。积极实施宏观调控，综合运用海域使用审批、海洋工程环评审批和工程竣工验收等手段，促进产业结构调整和升级。

（二）加强污染物入海排放管控，改善海洋环境质量

坚持陆海统筹，建立各有关部门联合监管陆源污染物排海的工作机制。加大污水处理厂建设，限期治理超标入海排放的排污口，优化排污口布局，实施集中深海排放。海洋环境质量不能满足海洋功能区和海洋环境保护规划要求的海域，要通过生态修复等手段积极开展海洋环境整治工作。要积极建立和实施主要污染物排海总量控制制度，加强海上倾废排污管理，逐步减少入海污染物总量，有效改善海洋环境质量。

（三）强化海洋生态保护与建设，维护海洋生态安全

大力推进海洋保护区建设，强化海洋保护区规范化建设，在海洋生态健康受损海域组织实施一批海洋生态修复示范工程，恢复受损海洋生态系统功能，营造良好投资、宜居环境，培育新的海洋经济增长点。在自然条件比较适宜的区域，试点开展滨海湿地固碳示范区建设，提升海洋应对全球气候变化的能力。建立并实施海洋生态保护红线制度，保护重要海洋生态区；严格限制顺岸平推式围填海，保护自然岸线和滨海湿地。提高海洋工程环境准入标准，建立实施海洋生态补偿制度，提升海洋资源综合利用效率，加大海洋生态环境保护力度。

建立海洋生态环境安全风险防范体系，编制区域应急响应预案，加强海洋环境突发事件和区域潜在环境风险评估、预警的信息共享，提升海洋环境灾害、环境突发事件的监测、预警、处置及快速反应能力，保障海洋生态安全。

（四）培育海洋生态文明意识，树立海洋生态文明理念

深入开展海洋生态文明宣传教育活动，普及海洋生态环境科普知识，建设海洋生态环境科普教育基地，传播海洋生态文明理念，培育海洋生态文明意识。发挥新闻媒介的舆论宣传作用，提高公众投身海洋生态文明建设的自觉性和积极性。建立公众参与机制，开辟公众参与海洋生态文明建设的有效渠道，鼓励社会各界参与海洋生态文明建设，提高全民参与意识，营造全社会共同参与海洋生态文明示范区建设的良好氛围，牢固树立海洋生态文明理念。

国家海洋局《海洋生态文明建设实施方案》（2015—2020年），为"十三五"期间我国海洋生态文明建设明确了路线图和时间表。该方案提出从10个方面推进海洋生态文明建设，分解为31项主要任务。这10个方面包括实施总量控制和红线管控、深化资源科学配置与管理、严格海洋环境监管与污染防治、加强海洋生态保护与修复、增强海洋监督执法、施行绩效考核和责任追究、提升海洋科技创新与支撑能力等。具体如下：

一是强化规划引导和约束，主要从规划顶层设计的角度增强对海洋开发利用活动的引导和约束，包括实施海洋功能区划、科学编制"十三五"规划和实施海岛保护规划3个方面内容。

二是实施总量控制和红线管控，侧重于从总量控制和空间管控方面对资源环境要素实施有效管理，包括实施自然岸线保有率目标控制、实施污染物入海总量控制和实施海洋生

态红线制度 3 个方面内容。

三是深化资源科学配置与管理，涵盖海域海岛资源的配置、使用、管理等方面内容，突出市场化配置、精细化管理、有偿化使用的导向，具体包括严格控制围填海活动等 5 个方面内容。

四是严格海洋环境监管与污染防治，包括监测评价、污染防治、应急响应等海洋环境保护内容，突出提升能力、完善布局、健全制度，具体包括推进海洋环境监测评价制度体系建设等 5 个方面内容。

五是加强海洋生态保护与修复，体现生态保护与修复整治并重，既注重加强海洋生物多样性保护，又注重实施生态修复重大工程，包括加强海洋生物多样性保护等 3 个方面内容。

六是增强海洋监督执法，包括健全完善法律法规和标准体系的基础保障、建立督察制度和区域限批制度的制度保障以及严格检查执法的行动保障，突出了依法治海、从严从紧的方向。

七是施行绩效考核和责任追究，包括面向地方政府的绩效考核机制、针对建设单位和领导干部的责任追究和赔偿等内容，体现了对海洋资源环境破坏的严厉追究。

八是提升海洋科技创新与支撑能力，提出了强化科技创新和培育壮大战略新兴产业两项任务，提升海洋科技创新对海洋生态文明建设的支撑作用。

九是推进海洋生态文明建设领域人才建设，包括加强监测观测专业人才队伍建设和加强海洋生态文明建设领域人才培养引进两项具体任务。

十是强化宣传教育与公众参与，重在为海洋生态文明建设营造良好的社会氛围，包括强化宣传教育和公众参与的系列举措。

第二节　海洋生态文明区建设的科技支撑

中国是陆海复合型国家，建设海洋强国必须基于陆海文明并起、战略并举和经济并重的原则。经济是国家发展的不竭动力，海洋经济成为国民经济新增长极为陆海统筹奠定了前提条件和物质基础。通过对陆海两栖经济格局的整合、对陆海经济产业结构的优化以及对国家海外利益的拓展，实现陆海经济均衡协调发展。一方面由陆地向海洋提供技术、资金、管理等方面的支持，使陆域向海一端发挥后备基地的作用，发展海洋经济，获取海洋资源，为生产提供原料和能源，突破经济发展中的资源瓶颈，实现"以陆带海"；另一方面，利用陆海产业密切相关性，加强陆海之间产业链组接，通过海洋经济的发展，带动陆域关联产业的发展，为陆域产业发展提供更为广阔的空间，从而获得海洋经济的"乘数效应"，实现"以海促陆"。

无论是"海洋强国"还是"海洋生态文明"，其评价指标的提升无一不是以先进的科学技术为基础。2015年第4届世界海洋大会在青岛举办，与往年不同的是，这一届海洋大会的科技展示区相比从前更加趋向于对海洋保护与海洋资源高效利用方面的创新技术展示，由此可以看出创新型、节约型的海洋开发利用技术越来越受到青睐，而海洋科学技术创新俨然也已经成为推进海洋生态文明建设的主力军。然而，通过先进技术的展示，我们不得不承认，相较于发达国家，我国的技术创新仍显落后，受技术、管理等因素制约，我国海洋资源总体开发能力不高，许多资源开发与利用技术仍处在设计与建设阶段，尚未转化为实际生产力。与此同时，由于受当前科技水平的限制，资源的开采和利用过程中也造成大量的浪费。资源利用率的低下，已成为制约海洋生态文明建设不可忽略的重要因素。

一、海洋生态文明区建设的关键技术研究

海洋生态文明区建设的关键技术包括以下方面。

（一）沿海产业空间优化布局技术

生态文明建设的首要任务是优化国土空间开发格局。随着沿海经济持续快速发展，各类经济、产业要素和人口加速向沿海集聚，石化、核电等重工业在沿海密集布局，部分沿海地区发展方式较为粗放、产业结构亟待优化、产业布局不尽合理，海洋经济发展的资源环境代价和风险过大，必须积极加快"转方式、调结构"步伐，形成海洋资源能源节约和海洋生态环境保护相适应的产业结构、增长方式和消费模式。因此，沿海产业空间优化布局技术对于海洋生态文明区建设而言极为重要。当前，主体功能区规划基于不同区域的资源环境承载能力、现有开发强度和未来发展潜力，以是否适宜或如何进行大规模高强度工业化城镇化开发为基准划分了优化开发区域、重点开发区域、限制开发区域和禁止开发区域，成为一切部门规划和地方规划的基础平台。主体功能区规划对空间结构和开发强度的控制及其指标的逐级落实，实现了国家上层位规划的约束功能[65]。而"多规合一"的提出，则为解决空间规划冲突，有效整合空间资源提供了出路。

综上，沿海产业空间优化布局技术是今后海洋生态文明区建设的关键技术，将在主体

功能区划的基础上通过"多规合一"技术和方法的不断发展而不断推进。

（二）深海探测技术

21世纪是海洋的世纪，海洋因拥有丰富的生物、矿产等资源成为经济发展的重要支点，是解决人口膨胀、资源短缺和环境恶化的重要出路。随着我国进入工业化快速发展阶段，矿产资源的消耗正以惊人速度增长，我国已经成为世界上最大的矿产进口国。深海大洋蕴藏着丰富的固体矿产资源，包括海底多金属结核、富钴结壳、多金属硫化物、天然气水合物等，部分金属矿产在海底储量是陆地上的数十倍，具有很好的商业开发前景。随着陆地资源的日趋减少与科学技术的发展，合理勘探、开发海底矿产资源已成为未来世界经济、政治、军事竞争和实现人类深海采矿梦想的重要内容。

在人类极少涉足的深海环境中蕴含有丰富的生态类群，是无可替代的生物基因资源库，是人类未来最大的天然药物和生物催化剂来源。在陆地生物资源已被比较充分利用的今天，对深海生物及其基因资源的采集和研究将为生物制药、绿色化工、水污染处理、石油采收等生物工程技术的发展提供新的途径与生物材料。当前，欧美发达国家拥有装备精良的深海生物调查设备，获得了大量调查资料，拟提高深海勘探的技术标准来限制其他国家采样。我国应制定代表国家利益、面向国家战略需求的深海生物及其基因资源探测与研究计划，提升我国在海洋权益中的话语权、拓展国家海洋战略发展空间迫在眉睫。

因此，海洋探测技术与装备工程是进行海洋开发、保护海洋、实现可持续发展的基础。建设海洋生态文明离不开海洋探测技术与装备工程的大力发展[66]。

（三）重要海洋生态区域选划与保护技术研究

近年来，沿海地方尚存在重视海洋经济发展，轻视海洋生态环境保护；重视海洋资源开发利用，轻视入海污染源治理；重视滨海工（产）业园区建设，轻视海洋生态整治修复的现象。

基于当前海洋生态环境现状，加强对海洋生态重要区域（主要包括海洋生态监控区、海洋保护区、海滨风景名胜区、海洋生态示范区、渔业水域等）选划和规范化保护管理技术的研究意义重大，具体包括海洋生态系统健康监测评价与生态重要区域选划评估技术、海洋保护区保护成效评估与规范化建设关键技术、海洋生物多样性价值评估技术方法研究与示范、海洋生态红线选划评估技术等关键技术研究。大范围推广与应用经实践验证具有较好效果的成熟技术模式，为全面改善海洋生态环境、维护海洋生态安全质量提供技术支撑[67]。

（四）海洋生态文明意识提升研究

近年来，随着海洋开发热潮持续升温，重海洋开发利用轻海洋环境保护，海洋生态文明意识比较薄弱，海洋环境污染和生态破坏成为制约我国沿海地区经济社会发展的重要因素。在当今海洋事业发展的重要战略机遇期，在全社会积极倡导树立符合我国国情的、与时俱进的海洋生态文明意识，这是加强国家海洋软实力建设、实现海洋文化大发展大繁荣、推动海洋可持续发展的当务之急。基于海洋生态文明意识的重要性，积极开展海洋生态文明宣传教育活动、加强新闻媒介的舆论宣传以提升民众海洋生态文明意识十分重要。

二、海洋生态文明区建设的重大科技工程

（一）海洋工程发展趋势

目前，全球科技进入新一轮的密集创新时代，海洋工程与科技向着大科学、高技术体系方向发展，呈现出以下发展特点和趋势[68]。

1. 技术和设备的集成化

发达国家纷纷研究和开发海洋技术集成，建立各种监测网络，如全球海洋观测系统、全球海洋实时观测计划以及全球综合地球观测系统等。它们利用海洋遥感遥测、自动观测、水声探测以及卫星、飞机、船舶、潜器、浮标、岸站等相互连接，形成立体、实时的监测系统，不仅可以对现有状态进行精确描述，而且可以对未来海洋环境进行持续的预测。就海洋观测而言，不仅要从空中和陆上观海，更要巡海、入海开展调查和探测，形成立体观测网络。因此，技术和设备的集成化是未来海洋科技发展的关键。一些发达国家的海洋立体监视监测能力和海洋环境预报能力已触及世界各个海域。

2. 技术和设备的智能化

随着人们对物联网技术的认知度越来越高，构建智能海上运载装备的条件也不断成熟。在船舶的生命周期里，船上的关键设备和系统维护技术复杂、难度大。借助物联网技术就可对船舶及船用设备进行在线运行维护管理。岸上的运行维护管理人员利用现代宽带卫星

通信技术即可实时在线对整船或者某一关键设备进行监控和管理。此外，物联网技术将进一步推动智能化无人驾驶船舶的发展。无人驾驶船舶比有人驾驶船舶在适应枯燥、恶劣工作环境方面更具优势，因为机器比人更具灵敏性、耐久性和稳定性。另外，由于海上作业的特殊性，诸如海水腐蚀、振动、外界环境气候、高精度测量、高防爆要求等，对测控系统的要求越来越高，尤其是在一些化学品船、散货船、游艇、油船以及海上石油钻井平台和军舰上，自动化、智能化装备更受欢迎。

3. 技术和设备的深远化

人类走向深海和远海的步伐逐渐加快，相应的海上装备也呈现深远化的发展趋势。日本无人遥控潜航器目前已具备下潜到 10 000 米以上的深海进行作业的能力。新发展的深海潜器可更好地应用于海洋矿物与生物资源、海洋能源开发、海洋环境测量等多方面科学考察活动。与此同时，美国、英国、俄罗斯等国均已提出深海空间站构想。美国、俄罗斯、日本等国还在现役潜艇的基础上，通过研发、改装等多种技术途径，发展新型的深海研究潜艇，探索水下作业、负载携带等技术。随着海上油气开采从浅海向深海扩展，大型海洋工程船舶以及水下装备如深海潜器、水下钻井设备等受到了国际海洋石油界的关注。

4. 技术和设备的绿色化

21 世纪以来，国际海事界的环保意识越来越强，国际海事组织（IMO）先后出台了一系列有关减少和控制船舶污染的国际公约，要求航运业更多地使用绿色环保型船舶。标准的提高必然带来技术的更新。目前，欧洲、日本、韩国等造船技术发达国家和地区为了巩固其技术优势，纷纷开展绿色环保新船型研发，同时进一步推出更严格的船舶技术标准，大有建立绿色技术壁垒之势。

（二）海洋生态文明区建设的重大科技工程

1. 海洋能源开发工程

近年来，海洋深水油气开发已成为世界石油工业的重点，各国深水油气田勘探开发成果层出不穷。目前全球超过 1 亿吨储量的油田中，60% 来自海上，其中 50% 在深海[68]。高风险、高投入、高科技是深水油气田开发的主要特点。目前，世界深水开发区域主要集中在墨西哥湾、巴西、西非等地，其中墨西哥湾深水区的产量已超过浅水区。"中国深水油气资源开发能力已经接近世界一流水准，但是一些关键技术方面同挪威、美国相比，依然存在短板。"中国石油大学殷建平副教授长期跟踪世界石油技术服务公司动态，他对《中国经济信息》记者表示，目前我国在这一领域有两个方面还需要加大投入：一方面，在高端的深海装备设计和建造领域，我国企业与世界一流企业相比还有差距。率先挺进深水的欧美国家，凭借深厚的技术力量和庞大的市场需求，不断提升深水装备研发和建造方面的实力，他们的深水人才队伍垄断着海洋工程装备开发、设计、工程总包及关键配套设备供货等领域。另一方面，我国深水人才团队建设还有很大的提升空间。深水人才的培养周期很长，我国深水人才团队建设起步较晚，目前缺口较大，不能完全满足中国深水油气资源探勘、开发的需求[69]。

海洋可再生能源，包括潮汐能、波浪能、潮流能、海洋温差能、盐差能以及海洋生物质能等。目前，世界上有 30 多个沿海国家都在开发海洋可再生能源。在所有海洋可再生能源技术中，潮汐能发电技术是最成熟的技术。我国潮汐能理论蕴藏量为 1.9 亿千瓦，其中，2098 万千瓦可以开发利用，主要集中在东海沿岸，且以浙江、福建两省沿海地区蕴藏量最大，占全国潮汐可再生能源开发利用量的 88%。从目前的技术发展水平来看，我国潮汐能在所有海洋可再生能源中技术最为成熟。因潮汐能电站建造成本高，导致发电成本高。目前，我国还在运行的有浙江的 2 座潮汐电站，即江厦和海山潮汐电站，总装机 4150 千瓦。其中，规模最大的江厦潮汐试验电站，总装机容量 3900 千瓦，代表了我国的潮汐能发电技术的最高水平。我国已掌握能够抵御恶劣海洋环境的低水头大功率潮汐发电机组的设计和制造技术，单机容量为 2.6 万千瓦的潮汐发电机组基本达到了商业化程度[70]。波浪能发电是继潮汐发电之后，发展最快的技术。目前世界上已有日本、英国、美国、挪威等国家和地区在海上建了 50 多个波浪能发电装置。我国对海洋波浪能的研究和利用虽起步较晚，但发展很快，经过 30 多年的研发，先后研建了 100 千瓦振荡水柱式和 30 千瓦摆式波浪能发电试验电站，小型岸式波力发电技术已进入世界先进行列，航标灯所用的微型波浪发电装置已经商品化。潮流能发电也是近几年来发展较快的海洋可再生能源发电技术。潮流能发电技术尚未成熟，尚未形成产业。但我国在潮流能转换与发电系统的设计、性能分析、关键技术和试验装置研发及装置的水下固定技术等方面取得了长足的进步，积累了一定的经验。海洋温差能资源主要集中于低纬度地区，温差能应用技术的研究也就主要集中在温差能资源丰富的地区和国家，如美国、日本、法国与印度等。我国温差能技术还处于起步阶段，尚未建成实海况运行的实验电站。

2. 海洋生物资源开发工程

海洋生物资源是海洋资源中的重要部分。随着人口的发展和陆地食物资源的短缺，世界各国非常重视海洋生物资源的开发。我国过洋性和大洋性远洋渔业的作业渔场遍布 38 个国家的专属经济区和三大洋及南极公海水域，2014 年远洋渔船规模达到 2 460 艘，捕捞产量为 2.027 百万吨。大洋公海作业渔船主要依赖国外进口的二手船，存在渔船老化、设备陈旧、技术落后、捕捞效率低等问题。南极磷虾渔业刚刚起步，捕捞渔船均为经简单改造的南太平洋竹䇲鱼拖网加工船，捕捞产量和加工技术与先进国家（挪威和日本等）有较大差距[71]。

水产增养殖业成为海洋经济新的增长点。在近海建立"海洋牧场"也已经成为世界发达国家发展渔业、保护资源的主攻方向之一。各国均把"海洋牧场"作为振兴海洋渔业经济的战略对策，投入大量资金。通过投放人工鱼礁、改良海洋环境、人工增殖放流等一系列措施，大大提高了海域生产力。我国沿海主要省市都开展了大规模的人工鱼礁建设，取得了一些重要的数据和经验。但有关礁体与生物之间的关系、礁体适宜规格与投放布局等研究较少，海洋牧场构建综合技术研究尚属起步阶段。

3. 海洋污染控制工程

随着海洋污染问题越来越严重，人类开始认识到海洋环境保护的重要性。从过去的一味索取开始转为在开发利用的同时，将海洋作为生命支持系统加以保护。海洋垃圾是目前海洋污染的重要污染源。由于治理海洋垃圾成本高昂，需要各国携手合作，从国家层面制定有效措施。2017 年国家海洋局、环境保护部、国家发展和改革委等十部委联合印发《近岸海域污染防治方案》。方案要求，以改善近岸海域环境质量为核心，加快沿海地区产业转型升级，严格控制各类污染物排放，开展生态保护与修复，加强海洋环境监督管理，全面清理非法或设置不合理的入海排污口，到 2020 年使全国近岸海域水质优良比例达到 70%左右，自然岸线保有率不低于 35%，为我国经济社会可持续发展提供良好的生态环境保障。

在海洋环境监测方面，一些沿海发达国家已建立或正在建立一些海洋生态环境监测站。如日本在沿海建立了 18 个海洋生态监测/研究定位站，严密监视海洋生态环境的变化。一些国际组织也纷纷开展了有关海洋生态环境监测的项目，如政府间海洋委员会开展了全球海洋观测系统项目，其中包括了一些重要的海洋生态监测内容，如海洋健康、海洋生物资源和海岸带海洋观测系统。从总体上看，海洋监测技术和海洋监测系统越来越向着全球化、立体化、数字化和高效化方向发展，已形成全球联网的立体监测系统。目前，这些技术作为数字海洋的技术支持体系，已开始提供全球性的实时信息服务。

4. 海陆关联工程

进入 21 世纪以来，发达国家沿海产业发展与工程建设进入一个新的时期。各国纷纷采纳了基于海岸带综合管理的思想和方法，以海洋空间规划为工具，提高了沿海产业发展与工程布局的系统性和协调性。

（1）以大型港口为核心的物流体系

以大型深水港为枢纽建成的四通八达的海陆运输网络是目前最重要的一种物流模式。如荷兰的鹿特丹港，其高速公路直接连接欧洲的公路网，覆盖了欧洲各国；铁路直达欧洲各主要城市；水上航运直通欧洲各主要水网。今天的鹿特丹港已成为储、运、销一体化的国际物流中心。除了四通八达的交通网络外，它还利用了保税仓库和货物分拨配送中心，对货物进行存储和再加工，然后再通过海陆物流体系将货物运出。从我国港口产业的发展角度看，在经过大规模的投资建设与快速发展后，如今昔日的"港口瓶颈"已不复存在，港口产能总体趋于供需平衡，并出现结构性、区域性过剩倾向。在此大背景下，探讨如何整合区域港口资源、创新港口发展模式、促进港口转型升级就显得尤为必要[72]。

（2）跨海大桥

跨海大桥的作用在于打通受海洋阻隔而产生的陆地交通瓶颈，从而大幅提升区域交通物流效率，推动经济社会的快速发展。在这方面，日本濑户内海大桥的建设特别具有代表性。在没有大桥之前，渡船摆渡需要大约 1 小时。濑户内海大桥建成后，驾车或乘坐火车穿越大桥只需大约 20 分钟。我国港珠澳大桥连接香港大屿山、澳门半岛和广东省珠海市，全长 55 千米，是当今世界最长的跨海大桥。其中海底隧道全长约 6.7 千米，是迄今为止世界最长、埋入海底最深（最深处近 50 米）、单个沉管体量最大、使用寿命最长、隧道车道最多、综合技术难度最高的沉管隧道。

（3）海底隧道

国外著名的跨海隧道有：英吉利海峡隧道、丹麦的斯特贝尔海峡隧道、挪威的莱尔多隧道、日本青函隧道和东京湾海底公路隧道等。这些隧道在连接海陆交通方面发挥了重要作用。据不完全统计，国外近百年来已建成的跨海交通隧道已逾百条。我国第一条海底隧道——厦门翔安海底隧道于 2010 年建成通车，是由我国完全自主设计、施工的第一条海底隧道。

（4）海岛开发工程

海岛开发是很多国家推动海岛经济发展的重要途径。从 20 世纪末开始，美国就实施了包括"海岛纳入联邦贸易行动项目"等一系列行动。通过给予海岛宽松的税收政策，促进海岛对外开放，以吸引投资者，从而推动了美国海岛经济和社会的发展。印度尼西亚对外资开放了 100 个岛屿，建成了一批国际知名海岛旅游和度假产业基地。马尔代夫根据本国不同岛屿的具体情况，制定了不同的开发模式，并利用国外资金成功地开发了颇具特色的海岛经济，被称为海岛开发的"马尔代夫模式"。我国近年来也注重海岛的旅游开发，例如东山岛、南三岛、南麂列岛、涠洲岛、刘公岛、菩提岛、觉华岛、连岛、海陵岛、三都岛被评为 2015 年十大美丽海岛，但在国际上的知名度尚有待提升。

第三节　海洋生态文明区建设示范

一、海洋生态文明示范区建设发展历程

早期的生态文明示范区建设并未包含海洋的内容。随着近几年来海洋在经济社会发展中的地位日益突出，海洋环境问题加剧，海洋生态文明示范区建设开始提上日程。2012 年 1 月国家海洋局下发了《关于开展"海洋生态文明示范区"建设工作的意见》（简称《意见》），并以此为分界点，可将我国海洋生态文明示范区建设历程大致分为萌芽阶段和发展阶段。

（一）萌芽阶段

2008 年 10 月 8 日，胡锦涛同志提出"保护海洋生态系统、维护海洋生态平衡、发展海洋生态产业、促进海洋经济发展，是时代赋予我们的历史责任"。以此为契机，沿海各地开始着力推进海洋生态文明建设。例如，福建省东山县提出了建设"海洋生态文明岛"的目标；浙江省舟山市先后提出了建立海岛生态市以及国家海洋综合开发试验区的发展方向；浙江省台州市玉环县重视海洋战略引领，推动海洋资源利用创新转型，积极培育海洋生态文化；等等。此外，山东、浙江、福建将建设海洋生态文明示范区作为发展蓝色经济重要的战略定位之一。在这一阶段，各地政府及海洋主管部门不断加强引导，逐步尝试将海洋生态文明建设纳入沿海地区经济发展规划和海洋环境问题的解决机制内，为打造海洋生态

文明示范区奠定了良好基础，但是各地的实践并未明确提出要打造海洋生态文明示范区。

（二）发展阶段

2012 年国家海洋局出台《意见》后，沿海各地陆续开始明确提出建设海洋生态文明示范区的目标，并制订配套实施方案。2012 年 12 月山东省为积极落实《意见》精神，将青岛市黄岛区等 10 个县（市、区）确定为首批省级海洋生态文明示范区。2013 年 2 月经国家海洋局批准，包括山东省的威海市、日照市、长岛县，浙江省的象山县、玉环县、洞头县，福建省的厦门市、晋江市、东山县以及广东省的珠海横琴新区、徐闻县、南澳县在内的 12 个县（市、区）被确定为全国首批国家级海洋生态文明示范区。2013 年和 2014 年，海南省三沙市、江苏省连云港市和南通市、广西壮族自治区北海市也启动了申报国家级海洋生态文明示范区的相关工作。在此阶段，建设海洋生态文明示范区已经成为沿海地区实现"五个用海"模式，加强资源节约利用和海洋生态保护，发展蓝色经济，构建和谐人海关系的基本方向和重要方式。2016 年 2 月，国家海洋局批复了第二批国家级海洋生态文明建设示范区，包括辽宁省盘锦市、大连市旅顺口区，山东省青岛市、烟台市，江苏省南通市、东台市，浙江省嵊泗县，广东省惠州市、深圳市大鹏新区，广西壮族自治区北海市，海南省三亚市和三沙市。

当前，海洋生态文明示范区建设虽刚刚起步，但从各示范区的建设实践来看，海洋生态文明示范区的建设已经取得了初步成效。一是示范区经济显著增长。从全国范围来看，海洋生态文明示范区建设有力地促进了地方经济快速增长，初步实现了既要金山银山，又要绿水青山的目标。二是示范区发展方式转变，产业结构调整升级。在建设示范区的过程中，各地积极寻求科学发展方式的变革，有效带动了沿海各地产业结构调整，推动了海洋产业跨越提升、提质、增效，初步实现了从第二产业到第三产业，从生产到科研的转型。三是示范区污染得到有效防治，生态环境明显改善。从各地实践来看，示范区建设高度重视生态环境保护，从污染治理和生态修复两方面着手推进，收到了良好效果。四是示范区生态文化建设水平不断提升。各地通过丰富的海洋宣传和海岸景观建设，让群众共建共享海洋生态文明和文化成果，助力示范区经济社会发展，提升了示范区的实力和影响力。

二、统一规范设立生态文明实验区

党的十八大把生态文明建设纳入中国特色社会主义事业"五位一体"总体布局，党中央、国务院就加快推进生态文明建设做出一系列决策部署，先后印发了《关于加快推进生态文明建设的意见》和《生态文明体制改革总体方案》。党的十八届五中全会提出，设立统一规范的国家生态文明实验区，重在开展生态文明体制改革综合试验，规范各类试点示范，为完善生态文明制度体系探索路径、积累经验。

（一）统筹布局实验区

综合考虑各地现有生态文明改革实践基础、区域差异性和发展阶段等因素，首批选择生态基础较好、资源环境承载能力较强的福建省、江西省和贵州省作为实验区。今后根据改革举措落实情况和实验任务需要，适时选择不同类型、具有代表性的地区开展实验区建设。实验区数量严格控制。

《国家生态文明试验区（福建）实施方案》提出，按照整体协调推进和鼓励试点先行相结合的原则，支持福建省建设国家生态文明试验区，整合规范现有相关试点示范，推动一些难度较大、确需先行探索的重点改革任务在福建省先行先试，有利于更好地发挥福建省改革"试验田"作用，探索可复制、可推广的有效模式，引领带动全国生态文明体制改革。其战略定位为：国土空间科学开发的先导区，生态产品价值实现的先行区，环境治理体系改革的示范区，绿色发展评价导向的实践区。主要目标是：经过积极探索、开拓创新，力争到 2017 年，试验区建设初见成效，在部分重点领域形成一批可复制、可推广的改革成果。到 2020 年，试验区建设取得重大进展，为全国生态文明体制改革创造出一批典型经验，在推进生态文明领域治理体系和治理能力现代化上走在全国前列。

福建省整合试点示范。将已经部署开展的福建省生态文明先行示范区、三明市等全国生态保护与建设示范区、长泰县等生态文明建设示范区等综合性生态文明示范区统一整合，以国家生态文明试验区（福建）名称开展工作，泰宁县等国家主体功能区建设试点、厦门国家"多规合一"试点、长汀县全国生态文明示范工程试点、武夷山国家公园体制试点、长汀县等国家水土保持生态文明工程、莆田市等全国水生态文明城市建设试点、厦门等国家级海洋生态文明示范区等各类专项生态文明试点示范，统一纳入国家生态文明试验区平台集中推进，各部门按照职责分工继续指导推动。

（二）形成国家级综合试验平台

单项试验任务的实验范围视具体情况确定。具备一定基础的重点改革任务可在实验区内全面开展；对于在实验区内全面推开难度较大的试验任务，可选择部分区域开展，待条件成熟后再在试验区内全面开展。

《关于设立统一规范的国家生态文明试验区的意见》提出，设立若干试验区，形成生态文明体制改革的国家级综合试验平台。通过试验探索，到 2017 年，推动生态文明体制改革总体方案中的重点改革任务取得重要进展，形成若干可操作、有效管用的生态文明制度成果；到 2020 年，试验区率先建成较为完善的生态文明制度体系，形成一批可在全国复制推广的重大制度成果，资源利用水平大幅提高，生态环境质量持续改善，发展质量和效益明显提升，实现经济社会发展和生态环境保护双赢，形成人与自然和谐发展的现代化建设新格局，为加快生态文明建设、实现绿色发展、建设美丽中国提供有力的制度保障。

《关于设立统一规范的国家生态文明试验区的意见》提出，未经党中央、国务院批准，各部门不再自行设立、批复冠以"生态文明"字样的各类试点、示范、工程、基地等；已自行开展的各类生态文明试点示范到期一律结束，不再延期，最迟不晚于 2020 年结束。

海洋生态文明区需要兼顾陆海统筹和生态系统完整性两大使命，正是由于这种特殊性，正契合了国家统一规范设立生态文明实验区的要求。陆海统筹是将海域与陆域看作两个相对独立的但又不是完全分开的系统，陆海统筹的统一规划不应局限在海岸带的狭小区域内。陆海统筹要以海域与陆域之间的物流、能流、信息流等联系为出发点，站在一个制高点上，纵观海域与陆域，根据海、陆两个地理单元的内在特性与联系，运用系统论和协同论的思想，统一规划与设计，使两个独立系统之间能够进行顺畅的资源交换与流通，同时通过对整个区域的资源统一评价与规划，对区域内资源进行有效配置，使陆域资源与海域资源进行对接，从而加强海域与陆域之间的关联性，形成一个大的海陆复合系统，把海陆地理、社会、经济、文化、生态系统整合为一个统一整体。依照我国传统的海洋管理方式，涉及的管理部门有国家海洋局、交通部、农业部、边防、海关、军事等 20 多个，生态文明实验区的建立有利于整合资源，集中开展试点试验，统一规范管理，符合陆海统筹以及生态系统完整性的要求。

综上，国家统一规范设立生态文明实验区，将海洋纳入生态文明的范畴，形成生态文明体制改革的国家级综合试验平台，有利于将各地、各部门的试点示范规范整合，集中改革资源，凝聚改革合力，实现重点突破。

第六章　海洋生态文明示范区建设后评估

第一节　评估方法研究

一、海洋生态文明示范区后评估

后评估是指对已经完成的项目（或规划）的目的、执行过程、效益、作用和影响进行的系统的、客观的分析；通过项目活动实践的检查总结，确定项目预期的目标是否达到，项目的主要效益指标是否实现，通过分析评价达到肯定成绩、总结经验、吸取教训、提出建议、改进工作、不断提高项目决策水平和投资效果的目的。后评估位于项目周期的末端，它又可视为另一个新项目周期的开端。后评估的作用主要表现在其反馈功能上，它一方面总结了项目全过程中的经验教训，而对于在建和新建项目又起着指导作用。后评估工作不仅对于指导新项目立项、调整在建项目计划、完善已建项目等方面可以起到重要的作用，而且对项目决策、政策制定、机构改革等高层次管理的改进和提高都将产生重大的影响。[73]

2013年2月，威海市、日照市、长岛县、象山县、玉环县、洞头县、厦门市、晋江市、东山县、珠海横琴新区、徐闻县、南澳县12个申报地获批首批国家级海洋生态文明示范区。为了对海洋生态文明示范区建设过程进行系统综合分析以及对海洋生态文明示范区建设项目产生的经济、社会、生态、环境、文明意识等方面的效益和影响及其持续性进行客观全面的再评价，因此需要开展海洋生态文明示范区建设后评估工作。

海洋生态文明示范区建设后评估的目的：一是通过对海洋生态文明示范区建设的实际情况和预期目标进行对照，考察海洋生态文明示范区建设决策的正确性和预期目标的实现程度；二是通过对海洋生态文明示范区的建设程序各阶段工作的回顾，查明成败的原因，总结建设管理的经验教训，提出改进和补救措施；三是将海洋生态文明示范区建设后评估信息反馈到未来的建设中去，改进和提高海洋生态文明示范区建设实施的管理水平、决策水平，为建设目标和建设任务的制定及调整提供科学的依据。

二、海洋生态文明示范区后评估内容

海洋生态文明示范区后评估的基本内容包括建设指标变化情况评估和规划任务完成情况评估。

（一）建设指标评估的内容

示范区考核年度海洋生态文明建设水平评估结果与示范区创建初期评估结果比较。评估内容包括：海洋经济发展、海洋资源利用、海洋生态保护、海洋文化建设、管理组织保障5个一级指标（见表6-1）。

表6-1　建设指标评估内容

类别	内容	指标名称
海洋经济发展	海洋经济总体实力	海洋产业增加值占地区生产总值比重
		海洋产业增加值近五年平均增长速度
		城镇居民人均可支配收入
	海洋产业结构	海洋战略性新兴产业增加值近五年年均增长速度
		海洋第三产业增加值占海洋产业增加值比重
	地区能源消耗	地区能源消耗
海洋资源利用	海域空间资源利用	单位海岸线海洋产业增加值
		围填海利用率
	海洋生物资源利用	近海渔业捕捞强度零增长
		开放式养殖面积占养殖用海面积比例
	用海秩序	违法用海案件零增长

类别	内容	指标名称
海洋生态保护	区域海水质量状况	近岸海域一、二类以上水质面积占海域面积比重
		近岸海域一、二类以上沉积物质量的站位比重
	生境与生物多样性保护	自然岸线保有率
		海洋保护区面积占管辖海域面积比率
	陆源防治与生态修复	城镇污水处理率（X）
		工业污水直排口达标排放率（Y）
		近三年区域岸线或近岸海域修复投资强度
海洋文化建设	海洋宣传与教育	文化事业费占财政总支出的比重
		涉海文化设施建设与开放水平
		海洋知识的普及与宣传活动
	海洋科技	海洋科技投入占地区海洋产业增加值的比重
		万人专业技术人员数
	海洋文化遗产	海洋文化遗产分类管理
		保护重要海洋节庆和海洋习俗
管理组织保障	海洋管理机构与规章制度	海洋管理机构设置
		海洋管理规章制度建设
		海洋执法效能
	服务保障能力	海洋服务保障机制建设
		海洋服务保障水平
		海洋环保志愿者队伍与志愿活动
	示范区建设组织保障	组织领导力度
		经费投入
		推进机制

（二）规划任务评估的内容

根据海洋生态文明示范区建设规划，考核建设规划任务开展情况和实施效果。评估内容包括：建设目标的实现程度、建设任务的完成情况以及保障措施的落实情况等内容。

（1）建设目标的实现程度

包括总体目标和具体目标。

（2）建设任务的完成情况

包括环境保护、生态建设、产业发展与文化事业等方面。

（3）保障措施的落实情况

包括组织保障、管理保障、技术保障与资金保障等方面。

三、海洋生态文明示范区后评估方法

海洋生态文明示范区后评估的主要分析方法应该是定量分析和定性分析相结合的方法。

（一）建设指标评估方法

示范区考核年度海洋生态文明建设水平评估结果与示范区创建初期评估结果比较。对于创建以来评估得分提高的予以评估加分，建设指标考核得分为建设指标考核年度评估分与奖励分之和。对于创建以来评估得分降低的予以评估减分，建设指标考核得分为建设指标考核年度评估分与扣除分之差。

（1）建设指标提升情形评估计算方法

第一步，计算奖励分（A）：

$$A = \begin{cases} 0, & C<0 \\ C, & 0 \leqslant C \leqslant 5 \\ \dfrac{C}{2}+2.5, & C>5 \end{cases}$$

其中，C 为提高分，C＝考核年度海洋生态建设水平评估分（M）－创建初期海洋生态建设水平评估分（I）。

第二步，计算考核年度评估得分（WA）

$$WA = \begin{cases} M+A, & (M+A) \leqslant 100 \\ 100, & (M+A) >100 \end{cases}$$

（2）建设指标降低情形评估计算方法

第一步，计算扣除分（R）：

$$R = \begin{cases} 0, & D \leqslant 0 \\ D, & 0<D \leqslant 3 \\ 2 \times D-3, & D>3 \end{cases}$$

其中，D 为降低分，D＝创建初期海洋生态建设水平评估分（I）－考核年度海洋生态建设水平评估分（M）。

第二步，计算考核年度评估得分（WA）

$$WA = M - R$$

（二）规划任务评估方法

根据海洋生态文明示范区建设规划，考核建设规划任务开展情况和实施效果。采取平均专家得分，以百分制确定建设规划完成情况的评估得分（WB）。

具体评估指标及评分标准如下。

（1）建设任务开展与规划符合度

A. 完全符合（90%以上），得20分；

B. 绝大部分符合（80%~90%），得15分；

C. 基本符合（70%~80%），得10分；

D. 部分符合（50%~70%），得5分；

E. 基本不符合（<50%），得0分。

（2）建设任务完成的质量

A. 成效显著，得30分；

B. 成效较强，得25分；

C. 成效一般，得20分；

D. 成效较弱，得10分；

E. 基本无成效，得0分。

（3）是否达到预期目标

A. 完全达到（90%以上），得30分；

B. 绝大部分达到（80%~90%），得25分；

C. 基本达到（70%~80%），得20分；

D. 部分达到（50%~70%），得10分；

E. 基本未达到（<50%），得0分。

（4）规划保障情况

A. 规划纳入本级政府预算、建设规划推进组织措施到位（建设领导小组每年组织协调工作1次或以上；建设规划纳入本级政府考核内容），得20分；

B. 规划纳入本级政府预算、建设规划纳入本级政府考核内容，得15分；

C. 规划纳入本级政府预算、建设领导小组每年组织协调工作1次或以上，得5分；

D. 规划纳入本级政府预算，得 5 分；

E. 规划未纳入本级政府预算、建设规划推进组织不力，得 0 分。

（三）建设成效考核综合评分方法

W = 建设指标提升评估分（WA）×70% + 建设规划任务完成情况评估分（WB）×30%

第二节　案例分析

一、厦门国家级海洋生态文明示范区建设后评估

（一）概况

厦门市地处我国东南沿海，面对金门诸岛，与宝岛台湾和澎湖列岛隔海相望。陆地面积 1 573.16 平方千米，海域面积 390 平方千米。厦门是一个海洋孕育的城市，"城在海上，海在城中"，海洋是厦门的优势和生命线，厦门因海而生、凭海而兴、与海共荣。因优良自然生态环境和人文环境，曾先后荣获"国家卫生城市"、"国家园林城市"、"国家环境保护模范城市"、"中国优秀旅游城市"、"中国十佳人居城市"、"国际花园城市"、"联合国人居奖"、"全国文明城市"、"全国绿化模范城市"、"全国节水城市"、"中国十大宜居城市"等殊荣。2013 年 2 月，厦门市成为首批国家级海洋生态文明示范区。

1. 总体目标

构建优势突出、特色鲜明、核心竞争力强的现代海洋产业体系，实现海洋经济又好又快发展；海洋资源开发利用能力、效率大幅提高，基本形成节约集约利用海洋资源的发展方式；入海污染物排放得到有效控制，海洋环境质量明显改善，海洋生态系统服务功能得到有效维护；加强海洋历史文化挖掘，加大社会公共文化设施建设和开放水平，开展多层次、多形式的海洋生态文明科普宣传和媒体传播，实现海洋生态文明观念在全社会牢固树立；进一步改革完善海洋管理体制，加大体制机制创新力度，实现海洋管理保障能力稳步提高。

2. 全面建设期（2012—2015 年）目标

（1）海洋经济实现新跨越发展

①总体经济实力增强。2015 年实现海洋经济增加值 510 亿元，比 2010 年翻一番以上。

②海洋产业发展与升级取得新突破。2015 年力争港口货物吞吐量达到 2 亿吨，集装箱吞吐量突破 1 000 万标箱；滨海旅游业增加值达到 35 亿元；船舶制造业产值达到 100 亿元（含游艇制造产值）；游艇经济的产值达到 65 亿元，游艇泊位 2 000 个；海洋生物产值（含海洋生物医药）达到 60 亿元；渔业经济增加值达到 9.8 亿元。

（2）海洋资源实现集约利用

①海域空间资源合理利用，围填海利用率 100%。

②海洋生物资源有效利用。近海渔业捕捞强度零增长，加强执法监管，防止养殖回潮。

③合理用海，违法用海案件零增长。

（3）海洋生态环境改善有新成效

近岸海域污染得到有效控制，西海域和九龙江口海域海水水质得到逐步改善，2015 年末城市污水处理率应不低于 95%，海洋生态修复全面实施，完成高集海堤、集杏海堤开口和清淤工程，改善厦门海域水动力环境，海洋环境管理能力进一步提高，基本实现海洋开发利用与环境保护协调发展。

（4）海洋文化建设实现新突破

加大海洋历史文化挖掘和传承保护；加快建设海洋文化博物馆、海洋馆、海洋文化展示长廊等涉海公共文化设施建设，推出各种特色鲜明、吸引力强的海洋文化活动，普及海洋文化知识，树立海洋观。

（5）海洋管理保障能力进一步提升

环境保护投入进一步加大，海洋综合信息系统建成并发挥作用，海洋科研、教育、执法能力进一步提高，建立海洋生态文明示范区建设推进机制，提高海洋服务保障水平。

3. 深化拓展期（2016-2020 年）目标

进一步巩固和提升海洋生态文明建设成果，深化海洋生态文明建设内涵，提高海洋生态文明建设水平，全面提高人的素质，完善海洋生态文明建设的制度保障体系，建成生活品质优越、海洋生态环境健康、海洋生态经济高效、海洋生态文化繁荣的厦门。

（1）海洋经济综合实力增强

到 2020 年，厦门市海洋经济综合实力进一步增强，实现海洋经济增加值 1 020 亿元，在 2015 年基础上再翻一番，海洋特色优势产业加速聚集。

（2）海洋资源实现集约利用

继续保持海域空间资源合理利用，围填海利用率100%；近海渔业捕捞强度零增长，加强执法监管，防止养殖回潮；合理用海，违法用海案件零增长。

（3）海洋生态环境改善

近岸海域污染得到有效控制，九龙江口海域海水水质进一步改善，海洋生态修复全面实施。

（4）海洋文化建设有新成果

厦门历史文化得到充分挖掘，海洋文化活动更加丰富，全民海洋意识进一步增强。

（5）海洋管理保障能力进一步提升

海洋综合管理在国内领先，在国际上保持先进水平。发挥海洋综合信息系统作用，进一步提高海洋科研、教育、执法能力，全面提升海洋服务保障水平。

（二）后评估

1. 建设指标评估

根据计算，建设指标原始得分 M 为 86.7 分（见表 6-2），由于低于创建时的得分（87.08 分），但降低值低于 3 分，因此，$WA = M - R = 86.32$ 分。

2. 规划任务评估

2015 年厦门市调整了海洋生态文明示范区建设领导小组和办公室成员，市长亲任组长，常委、副市长任常务副组长，强化了对海洋生态文明示范区建设的领导[74]。按照《厦门国家级海洋生态文明示范区建设实施方案》，持续推进海洋生态文明示范区建设。海洋生态文明示范区领导小组专题研究推进厦门海域水环境污染治理工作，使近岸海域水环境污染治理取得良好成效，海洋生态文明示范区建设为厦门获得国家级生态市做出了积极贡献。落实海洋环境保护责任目标考核各项工作，顺利通过福建省政府 2014 年度沿海设区市海洋环保责任目标考核，获全省第一的好成绩。

根据建设规划考核内容，第一部分建设任务开展与规划符合度、第二部分建设任务完成的质量以及第四部分规划保障情况等均达到预期要求，第三部分"预期目标"有些内容未能达到预期（见表 6-3），如"海洋产业增加值近五年平均增长速度"、"城镇居民人均可支配收入"、"海洋战略性新兴产业增加值近五年年均增长速度"、"近岸海域一、二类以上水质面积占海域面积比重"、"近岸海域一、二类以上沉积物质量的站位比重"、"自然岸线保有率"、"镇镇污水处理率（X）与工业污水直排口达标排放率（Y）"7个指标，占指标总数的21.2%，因此预期目标的得分为20分。综上所述，规划任务评估得分为20+30+20+20＝90（分）。

表6-2　厦门市国家级海洋生态文明示范区指标建设要求

类别	内容	指标名称	建设标准	2015年实际值	分值
海洋经济发展	海洋经济总体实力	海洋产业增加值占地区生产总值比重	≥10%	14.4%①	5
		海洋产业增加值近五年平均增长速度	16.7%	15.1%	2.7
		城镇居民人均可支配收入	≥2.33万元/人	42607元②	2
	海洋产业结构	海洋战略性新兴产业增加值近五年年均增长速度	≥30%	36.3%③	3
		海洋第三产业增加值占海洋产业增加值比重	≥40%	68.95%	3
	地区能源消耗	地区能源消耗	≤0.9吨标准煤/万元	0.477④	4
海洋资源利用	海域空间资源利用	单位海岸线海洋产业增加值	$X \geqslant 1.28$ 亿元/千米 $Y \geqslant 0.26$ 亿元/平方千米	2.2亿元/千米	4
		围填海利用率	100%	100%	5
	海洋生物资源利用	近海渔业捕捞强度零增长	零增长	增长	3
		开放式养殖面积占养殖用海面积比例	≥80%	全部退出水产养殖	4
	用海秩序	违法用海案件零增长	零增长	零增长	4

---

① 数据来源：厦门市：海洋经济发展态势良好 海洋生态文明建设成效显著，http://www.xmhyj.gov.cn/Ocean/NewsView.aspx。

② 数据来源：http://www.taihainet.com/news/xmnews/shms/2016-03-03/1686254.html.

③ 数据来源：《厦门市海洋经济发展"十三五"专项规划（2014年）》，海洋战略性新兴产业增加值为海洋工程装备制造业、海水利用业、海洋可再生能源业和海洋生物医药业增加值之和。根据厦门市海洋经济发展"十三五"专项规划，2014年厦门市海洋工程装备制造业和海洋生物医药业的增加值分别为119.4亿元和29.69亿元，（119.4+29.69）/410.5=0.363。

④ 数据来源：《厦门经济特区年鉴2015》（主要年份单位能源消耗指标）。

续表

类　别	内　容	指 标 名 称	建设标准	2015 年实际值	分值
海洋生态保护	区域海水质量状况	近岸海域一、二类以上水质面积占海域面积比重	$X \geqslant 70\%$ $Y \geqslant 5\%$	49.8%①	3.6
		近岸海域一、二类以上沉积物质量站位的比重	$\geqslant 90\%$	93.75%②	2
		自然岸线保有率	$\geqslant 42\%$	19.2%③	1.4
	生境与生物多样性保护	海洋保护区面积占管辖海域面积比率	$\geqslant 3\%$	>3%	2
		城镇污水处理率（X）与工业污水直排口达标排放率（Y）	$X \geqslant 90\%$ $Y \geqslant 85\%$	$X = 93.4\%$④ $Y = 96\%$⑤	5
	陆源防治与生态修复	近三年区域岸线或近岸海域修复投资强度	1 000 万元以上	近 70 亿元⑥	3
海洋文化建设	海洋宣传与教育	文化事业费占财政总支出的比重	不低于本省平均水平	超过全省平均水平⑦	3
		涉海文化设施建设与开放水平	满足	满足	3
		海洋知识的普及与宣传活动	满足	满足	4
	海洋科技	海洋科技投入占地区海洋产业增加值的比重	$\geqslant 1.76\%$	2.67%⑧	3
		万人专业技术人员数	$\geqslant 174$ 人	满足⑨	3
	海洋文化遗产	海洋文化遗产分类管理	满足	满足	2
		保护重要海洋节庆和海洋习俗	满足	满足	2

① 数据来源：http：//www. mnw. cn/xiamen/news/1148387. html.

② 硫化物有 1 个监测站位超二类，其余均达到一类或二类（共 16 个站位）。

③ 数据来源：《厦门市海洋环境保护规划（2016—2020 年）》。

④ 数据来源：http：//www. xm. gov. cn/zfxxgk/xxgkznml/szhch/gmzggh/201602/t20160226_ 1274729. htm.

⑤ 数据来源：《2015 年厦门市海洋环境公报》。

⑥ 数据来源：《厦门市海洋经济发展 "十三五" 专项规划（2014 年）》。

⑦ 数据来源：《福建省统计年鉴 2015》、《厦门经济特区年鉴 2015》，文化事业费占财政支出的比重 = 文化体育与传媒支出/财政总支出（厦门为 2%，福建为 0.19%）

⑧ 数据来源：《厦门市海洋经济发展 "十三五" 专项规划》。

⑨ 数据来源：《厦门经济特区年鉴 2015》，科技活动人员 68 319 人，常住人口 381 万人，万人专业技术人员数 179 人，超过 174 人。

续表

类　别	内　容	指 标 名 称	建设标准	2015 年实际值	分值
管理组织 保障	海洋管理机构 与规章制度	海洋管理机构设置	满足	满足	2
		海洋管理规章制度建设	满足	满足	1
		海洋执法效能	满足	满足	1
	服务保障能力	海洋服务保障机制建设	满足	满足	1
		海洋服务保障水平	满足	满足	1
		海洋环保志愿者队伍与志愿 活动	满足	满足	1
	示范区建设组 织保障	组织领导力度	满足	满足	1
		经费投入	满足	满足	1
		推进机制	满足	满足	1
总分				不包括问卷 调查 10 分	86.7

表6-3　厦门市海洋生态文明示范区建设规划任务完成情况评估

类　别	内　容	指 标 名 称	2011 年实际值	2015 年目标值	2015 年实际值
海洋经 济发展	海洋经济总体 实力	海洋产业增加值占地区生产总 值比重	11.2%	12.14%	14.4%①
		海洋产业增加值近五年平均增 长速度	13.21%	16.7%	15.1%
		城镇居民人均可支配收入	33565 元	49000 元	42607 元②
	海洋产业结构	海洋战略性新兴产业增加值近 五年年均增长速度	67%	保持	31.8%③
		海洋第三产业增加值占海洋产 业增加值比重	59.3%	保持	68.95%
	地区能源消耗	地区能源消耗	0.507	保持	0.477④

---

① 数据来源：厦门市：海洋经济发展态势良好 海洋生态文明建设成效显著，http://www.xmhyj.gov.cn/Ocean/NewsView.aspx。

② 数据来源：http://www.taihainet.com/news/xmnews/shms/2016-03-03/1686254.html。

③ 数据来源：《厦门市海洋经济发展"十三五"专项规划（2014 年）》，海洋战略性新兴产业增加值为海洋工程装备制造业、海水利用业、海洋可再生能源业和海洋生物医药业增加值之和。根据厦门市海洋经济发展"十三五"专项规划，2015 年厦门市海洋工程装备制造业和海洋生物医药业的增加值分别为 119.7 亿元和 38.56 亿元，（119.7+38.56）/498.2=0.318。

④ 数据来源：《厦门经济特区年鉴 2015》（主要年份单位能源消耗指标）。

续表

类　别	内容	指标名称	2011年实际值	2015年目标值	2015年实际值
海洋资源利用	海域空间资源利用	单位海岸线海洋产业增加值	1.26亿元/千米	1.28亿元/千米	2.2亿元/千米
		围填海利用率	100%	100%	100%
	海洋生物资源利用	近海渔业捕捞强度零增长	零增长	零增长	零增长
		开放式养殖面积占养殖用海面积比例	全部退出水产养殖	全部退出水产养殖	全部退出水产养殖
	用海秩序	违法用海案件零增长	零增长	零增长	零增长
海洋生态保护	区域海水质量状况	近岸海域一、二类以上水质面积占海域面积比重	38.8%	50%	49.8%①
		近岸海域一、二类以上沉积物质量站位的比重	100%	100%	93.75%②
	生境与生物多样性保护	自然岸线保有率	52.4%	保持	19.2%③
		海洋保护区面积占管辖海域面积比率	>3%	保持	保持
	陆源防治与生态修复	城镇污水处理率（X）与工业污水直排口达标排放率（Y）	$X=90.4\%$　$Y=100\%$	$X=95\%$　$Y=100\%$	$X=93.4\%$④　$Y=96\%$⑤
		近三年区域岸线或近岸海域修复投资强度	大于1 000万元	大于1 000万元	近70亿元⑥
海洋文化建设	海洋宣传与教育	文化事业费占财政总支出的比重	超过全省平均水平	保持	超过全省平均水平⑦
		涉海文化设施建设与开放水平	满足	满足	满足
		海洋知识的普及与宣传活动	满足	满足	满足
	海洋科技	海洋科技投入占地区海洋产业增加值的比重	1.898%	保持	2.67%⑧
		万人专业技术人员数	988人	保持	满足⑨
	海洋文化遗产	海洋文化遗产分类管理	满足	满足	满足
		保护重要海洋节庆和海洋习俗	满足	满足	满足

① 数据来源：http://www.mnw.cn/xiamen/news/1148387.html.

② 硫化物有1个监测站位超二类，其余均达到一类或二类（共16个站位）。

③ 数据来源：《厦门市海洋环境保护规划（2016—2020年）》。

④ 数据来源：http://www.xm.gov.cn/zfxxgk/xxgkznml/szhch/gmzggh/201602/t20160226_1274729.htm.

⑤ 数据来源：《2015年厦门市海洋环境公报》。

⑥ 数据来源：《厦门市海洋经济发展"十三五"专项规划（2015年）》。

⑦ 数据来源：《福建省统计年鉴2015》、《厦门经济特区年鉴2015》. 文化事业费占财政总支出的比重＝文化体育与传媒支出/财政总支出（厦门2%，福建0.19%）。

⑧ 数据来源：《厦门市海洋经济发展"十三五"专项规划（2015年）》。

⑨ 数据来源：《厦门经济特区年鉴2015》，科技活动人员68 319人，常住人口381万人，万人专业技术人员数179人，超过174人。

续表

类　别	内　容	指标名称	2011年实际值	2015年目标值	2015年实际值
管理组织保障	海洋管理机构与规章制度	海洋管理机构设置	满足	满足	满足
		海洋管理规章制度建设	满足	满足	满足
		海洋执法效能	满足	满足	满足
	服务保障能力	海洋服务保障机制建设	满足	满足	满足
		海洋服务保障水平	满足	满足	满足
		海洋环保志愿者队伍与志愿活动	满足	满足	满足
	示范区建设组织保障	组织领导力度	满足	满足	满足
		经费投入	满足	满足	满足
		推进机制	满足	满足	满足

3. 建设成效考核综合评分方法

W = 建设指标提升评估分（WA）×70% + 建设规划任务完成情况评估分（WB）×30% = 86.32×70%+90×30% = 87.424（分）。

（三）小结

海洋生态文明示范区建设是推动厦门市海洋生态文明建设的重要载体，是促进厦门建设海洋强市的重要抓手。厦门所辖海域面积不大，但资源优势突出，港口资源、滨海旅游资源和海洋生物种类丰富。海洋资源的合理开发，为厦门发展海洋优势产业提供了有利的条件。

厦门凭借海洋和海湾资源的优势，经过多年的海洋生态文明建设取得以下成绩：基本建立优势突出、特色鲜明、核心竞争力强的现代海洋产业体系；实现岸线和海域空间资源有序开发，提升了海洋资源综合利用效率，实现集约节约利用；基本建立海洋战略新兴产业基地、高端临海产业基地、现代海洋服务基地和滨海休闲旅游度假中心。同时，海洋生态环境不断改善，海洋环境质量逐步提高：基本实现海洋生态系统的良性循环，沿海滩涂、海岸带、海岛等脆弱生态系统得到保护与恢复，拥有了一个清洁的、多用途的协调的、可持续发展的海洋生态环境，为滨海风景旅游城市奠定良好的生态环境基础。

在看到厦门市海洋生态文明建设的成效的同时，我们也看到厦门市海洋生态文明建设中的不足与困难：

（1）资源环境约束越来越不可回避。特别是海域空间利用矛盾突出。厦门市海域面积仅为390平方千米，狭小有限的空间对于围绕"海"做文章的厦门海洋产业来说无疑是个巨大的制约，如何在发展海洋经济时做好海洋生态环境的保护工作，实现海洋资源的科学化、集约化利用，对厦门海洋生态文明建设是个较大的挑战。

（2）厦门市位于九龙江入海口，九龙江入海污染物是厦门湾的主要污染物来源。九龙江流域的水环境污染状况如不改变，大幅提高厦门海域水质的目标将很难达到。

今后，厦门市继续推进海洋生态文明建设须做如下工作。

（1）针对资源约束，厦门市要实现人海和谐，首先必须优化岸线资源配置，加快构筑现代海洋产业体系，立足资源共享、优势互补、错位发展、合理分工的发展要求，强化集聚经济效率，提升城市功能与品味。具体做法包括：改造升级传统产业；积极发展滨海特色休闲业和航运物流等海洋服务业；培育壮大游艇及其装备业和海水利用业等海洋战略性新兴产业。

（2）扎实推进九龙江水环境综合整治工程，有效控制九龙江入海污染物总量。落实厦门市支持九龙江流域综合整治和生态建设的资金，建立九龙江流域厦门、漳州、龙岩三市的全面合作机制，积极推进九龙江流域水环境保护立法，配合开展九龙江生态补偿机制和污染物排放总量控制政策，探索建立以流域交接断面排污总量控制责任制为基础的流域上下游水质达标的补偿和激励机制。加强近岸海域与流域污染防治的衔接，加强河流跨界断面和入海断面监测，建立完善九龙江—厦门湾综合污染防控机制，减少流域入海污染负荷量。

（3）加强海洋生态文明宣传教育，提高全社会文明意识。编制乡土海洋生态文明教材，把海洋生态文明有关知识和课程纳入国民教育体系，将海洋生态文明教育提升为厦门市文教的亮点与特色。构建互联网、报刊、电视、广播、户外广告多重覆盖的立体宣传网络，开展多层次、多形式的海洋生态文明科普宣传和媒体传播，创新宣传手法、丰富宣传内容，拓展宣传广度和深度，使公众充分了解海洋生态文明建设的政策法规和相关知识，充分认识到保护海洋环境的重要性和紧迫性。

二、东山国家级海洋生态文明示范区建设后评估

（一）概况

东山县是全国第六、福建省第二大海岛县，位于福建省南部沿海，地处闽南"金三

角"与粤东潮汕梅经济区的结合部，厦门、汕头两个经济特区之间，辖 7 个镇、16 个社区、61 个行政村，总人口 21.3 万，由主岛和 67 个附属岛屿组成，总面积 248.34 平方千米，主岛面积 220.18 平方千米，海岸线总长 162 千米，拥有海域总面积 18 万公顷。海洋是东山县最大的特色、最大的资源、最大的优势。科学、有效、规范地利用海洋资源，对东山县来讲尤为重要。

东山县属典型的海岛县，整个地形呈蝴蝶状，属南亚热带海洋性季风气候。具有得天独厚的滨海旅游资源，海水、阳光、沙滩、岛屿等自然环境优越，亚热带海岛风光绚丽多姿，铜山风动石景区是福建省十大风景名胜之一，国家 4A 级景区，东门屿是中国四大名屿之一，赤山林场被林业部确定为"国家海滨森林公园"，1996 年东山岛被国家旅游局确定为国际休闲旅游点之一，并成为全省十大文明景区示范点之一。东山县的海洋生物资源、滨海旅游资源、滨海矿产资源在全省乃至全国都具有较明显的优势，海洋产业在全县农业的各项指标中占绝对优势；港口运输仓储业、滨海旅游业等涉海产业的产值在第三产业的总值中也占有重要地位。

1. 总体目标

立足于东山县独特的海洋优势，把国家级海洋生态文明示范区建设与生态旅游岛和海洋经济强县"两大战略目标"紧密结合、统筹发展，通过优化海洋产业结构、加强海洋环境保护、实施海洋生态保护和修复工程、弘扬海洋生态文明"四项重点任务"，实施海洋生态产业、环境、生态、文化"四大提升工程"，将东山县建设成为生态环境优美、生态产业发展、生态文明进步、生态文明意识普及的可持续发展的国家级海洋生态文明示范区。

2. 具体目标

到 2015 年，基本形成经济发展、环境友好、资源节约、人居优美的海洋生态文明建设体系；到 2020 年，进一步巩固和提升海洋生态文明建设成果，提高海洋生态文明建设水平，全面达到国家级海洋生态文明建设示范区的要求，率先建成生态良好、环境优美、人海和谐的文明海区。具体目标如下。

（1）海洋经济发展方面

在海洋经济发展方面，海洋经济实现新跨越发展，形成优势突出、特色鲜明的现代海洋产业体系，海洋对东山县经济社会可持续发展的保障能力稳步提高。优化海洋产业结构、降低地区能源消耗，海洋经济在国民经济中所占比重进一步提高，海洋经济总体实力显著增强。

到 2015 年全县生产总值达 180 亿元，全县海洋生产总值达到 120 亿元，海洋产业增加值占全县地区生产总值比重达到 60%，年均增长速度比全县地区生产总值快 1~2 个百分点，海洋三次产业比例调整为 35：49：16；到 2015 年旅游产业实现跨越，境内外游客 500 万人次，其中境外旅客在 20 万人次以上；到 2015 年城镇居民人均可支配收入 26 820 元，农民人均纯收入 15 640 元；到 2015 年海洋战略性新兴产业增加值年均增长速度大于 30%，海洋第三产业增加值占海洋产业增加值比重大于 15%。

到 2020 年，海洋产业增加值占全县地区生产总值比重达到 65%，城镇居民人均可支配收入比 2010 年翻一番，海洋战略性新兴产业增加值年均增长速度大于 35%，海洋第三产业增加值占海洋产业增加值比重大于 30%；海洋产业发展与升级取得新突破，海洋经济产业布局和结构进一步优化，海洋产业竞争力进一步加强，建成海洋经济强县。

（2）海洋资源节约集约利用方面

在海洋资源节约集约利用方面，基本形成节约集约利用海洋资源和有效保护海洋生态环境的发展方式。海域空间资源合理利用，海岛单位面积地区生产总值贡献率保持全国前列，2015 年达到 0.65 亿元/平方千米，2020 年达到 0.80 亿元/平方千米；围填海利用率保持 100%；海洋生物资源合理、有效利用，近海渔业捕捞强度保持零增长，开放式养殖面积占养殖用海面积比重 80% 以上；进一步规范用海秩序，加强执法监管，违法用海案件保持零增长。

（3）海洋生态环境改善方面

在海洋生态环境改善方面，海洋环境质量继续保持优良，近岸海域一、二类水质面积占海域面积比重不低于 80%；自然岸线保有率不降低，海洋保护区面积占管辖海域面积比率不降低，海洋生态系统服务功能得到有效维护，海洋生物资源衰退趋势得到有效遏制；近岸海域污染得到有效控制，到 2020 年城镇污水处理率达到 90%。

（4）海洋文化建设方面

在海洋文化建设方面，进一步加强海洋宣传与教育，加大涉海公共文化设施建设和开放水平；提高海洋科技水平，海洋科技创新能力明显提升；进一步加强海洋文化保护与传承，加强海洋历史文化挖掘，海洋生态文明观念在全社会牢固树立，海洋文化建设有新突破、新成果。

（5）海洋管理保障能力建设方面

在海洋管理保障能力建设方面，环境保护投入进一步加大，海洋综合信息系统建成并发挥作用，海洋科研、教育、执法能力进一步提高，海洋环境管理能力进一步提高，建立海洋生态文明示范区建设推进机制，提高管理组织保障水平。

（二）后评估

1. 建设指标评估

根据计算，建设指标原始得分 M 为 85.01 分（见表 6-4），由于低于创建时的得分（85.015 分），但降低值低于 3 分，因此，$WA = M - R = 85.005$ 分。

2. 规划任务评估

近年来，东山县以建设国际旅游海岛为终极目标，按照《东山国家级海洋生态文明示范区建设实施方案》，持续推进海洋生态文明示范区建设，主动发挥各部门职能作用，加快海洋经济战略性调整，优化海洋产业结构；强化管理，优化海洋生态环境；加大海洋生态文化的宣传，树立海洋生态文明理念，充分发挥东山人文底蕴深厚优势，提升海洋生态文明素质。

根据建设规划考核内容，第一部分建设任务开展与规划符合度、第二部分建设任务完成的质量以及第四部分规划保障情况等均达到预期要求，第三部分"预期目标"有些内容未能达到预期（见表 6-5），如"海洋产业增加值近五年平均增长速度"、"海洋战略性新兴产业增加值近五年年均增长速度"、"海洋第三产业增加值占海洋产业增加值比重"、"近海渔业捕捞强度零增长"、"开放式养殖面积占养殖用海面积比例"、"自然岸线保有率" 6 个指标，占指标总数的 18.2%，因此，预期目标得分为 25 分。综上所述，规划任务评估得分为 20+30+25+20=95（分）。

3. 建设成效考核综合评分方法

W = 建设指标提升评估分（WA）×70% + 建设规划任务完成情况评估分（WB）×30% = 85.005×70% + 95×30% = 88.0035（分）。

表 6-4　东山县国家级海洋生态文明示范区指标建设要求

类别	内容	指标名称	建设标准	2015 年实际值	分值
海洋经济发展	海洋经济总体实力	海洋产业增加值占地区生产总值比重	≥10%	68.2%①	5
		海洋产业增加值近五年平均增长速度	16.7%	17.37%②	3
		城镇居民人均可支配收入	≥2.33 万元/人	28143 元③	2
	海洋产业结构	海洋战略性新兴产业增加值近五年年均增长速度	≥30%	负增长④	0
		海洋第三产业增加值占海洋产业增加值比重	≥40%	13.7%	1.03
	地区能源消耗	地区能源消耗	≤0.9 吨标准煤/万元	0.466⑤	4
海洋资源利用	海域空间资源利用	海岛单位面积地区生产总值贡献率	$Y \geqslant 0.26$ 亿元/平方千米	0.71 亿元/平方千米	4
		围填海利用率	100%	100%	5
	海洋生物资源利用	近海渔业捕捞强度零增长	零增长	比增 1.2%⑥	3
		开放式养殖面积占养殖用海面积比例	≥80%	79.5%	3.98
	用海秩序	违法用海案件零增长	零增长	零增长	4
海洋生态保护	区域海水质量状况	近岸海域一、二类以上水质面积占海域面积比重	$X \geqslant 70\%$	91.2%	5
		近岸海域一、二类以上沉积物质量站位的比重	≥90%	100%	2
	生境与生物多样性保护	自然岸线保有率	≥42%	47.6%	3
		海洋保护区面积占管辖海域面积比率	≥3%	5.9%	2
	陆源防治与生态修复	城镇污水处理率（X）与工业污水直排口达标排放率（Y）	$X \geqslant 90\%$ $Y \geqslant 85\%$	$X = 97.9\%$ $Y = 100\%$	5
		近三年区域岸线或近岸海域修复投资强度	1000 万元以上	2.29 亿元	3

---

① 数据来源：《2016 年东山县海洋生态文明示范区监测调查报告》，东山县海洋与渔业局。海洋产业增加值，由东山县统计局提供。

② 数据来源：《东山县国家级海洋生态文明示范区建设自评估报告》（2011 年海洋产业增加值）及东山县统计局提供（2015 年海洋产业增加值）。

③ 数据来源：《2015 年东山县国民经济和社会发展统计公报》。

④ 数据来源：东山县统计局。

⑤ 数据来源：《漳州统计年鉴（2016）》。

⑥ 数据来源：《东山县国家级生态保护与建设示范区自评价报告》。

类别	内容	指标名称	建设标准	2015年实际值	分值
海洋文化建设	海洋宣传与教育	文化事业费占财政总支出的比重	不低于本省平均水平	超过全省平均水平①	3
		涉海文化设施建设与开放水平	满足	满足	3
		海洋知识的普及与宣传活动	满足	满足	4
	海洋科技	海洋科技投入占地区海洋产业增加值的比重	≥1.76%	1.98%②	3
		万人专业技术人员数	≥174人	183人	3
	海洋文化遗产	海洋文化遗产分类管理	满足	满足	2
		保护重要海洋节庆和海洋习俗	满足	满足	2
管理组织保障	海洋管理机构与规章制度	海洋管理机构设置	满足	满足	2
		海洋管理规章制度建设	满足	满足	1
		海洋执法效能	满足	满足	1
	服务保障能力	海洋服务保障机制建设	满足	满足	1
		海洋服务保障水平	满足	满足	1
		海洋环保志愿者队伍与志愿活动	满足	满足	1
	示范区建设组织保障	组织领导力度	满足	满足	1
		经费投入	满足	满足	1
		推进机制	满足	满足	1
总　　分				不包括问卷调查10分	85.01

（三）小结

东山县地理位置独特，自然资源特色明显，经济发展态势良好，生态文明建设已初具成效，具有一定的典型性和先进性。

海洋生态文明示范区建设经验如下。

---

① 数据来源：《福建省统计年鉴2015》、《2015年东山县国民经济和社会发展统计公报》。文化事业费占财政总支出的比重＝文化体育与传媒支出/财政总支出（东山县为0.9%，福建省为0.19%）。

② 数据来源：《东山县国家级生态保护与建设示范区自评价报告》。苏峰山海洋文化创意产业园区已有总投资1亿元的厦大东山太古海洋中心项目启动。

表6-5 东山县海洋生态文明示范区建设规划任务完成情况评估

类别	内容	指标名称	2011年实际值	2015年目标值	2015年实际值
海洋经济发展	海洋经济总体实力	海洋产业增加值占地区生产总值比重	55.35%	60%	68.2%
		海洋产业增加值近五年平均增长速度	23.5%	保持	17.37%
		城镇居民人均可支配收入	16777元	26820元	28143元
	海洋产业结构	海洋战略性新兴产业增加值近五年年均增长速度	46.57%	保持	负增长
		海洋第三产业增加值占海洋产业增加值比重	7%	15%	13.7%
	地区能源消耗	地区能源消耗	0.546吨标准煤/万元	0.5吨标准煤/万元	0.466
海洋资源利用	海域空间资源利用	海岛单位面积海洋产业增加值	0.461亿元/平方千米	0.65亿元/平方千米	0.71亿元/平方千米
		围填海利用率	100%	100%	100%
	海洋生物资源利用	近海渔业捕捞强度零增长	<10%	零增长	比增1.2%
		开放式养殖面积占养殖用海面积比例	80.9%	>80%	79.5%
	用海秩序	违法用海案件零增长	零增长	零增长	零增长
海洋生态保护	区域海水质量状况	近岸海域一、二类以上水质面积占海域面积比重	80%	>80%	91.2%
		近岸海域一、二类以上沉积物质量站位的比重	100%	100%	100%
	生境与生物多样性保护	自然岸线保有率	51%	保持	47.6%
		海洋保护区面积占管辖海域面积比率	5.24%	保持	5.9%
	陆源防治与生态修复	城镇污水处理率(X)与工业污水直排口达标排放率(Y)	$X=85\%$ $Y=100\%$	$X=90\%$ $Y=100\%$	$X=97.9\%$ $Y=100\%$
		近三年区域岸线或近岸海域修复投资强度	2712万元	5000万元以上	2.29亿元

类　别	内　容	指　标　名　称	2011 年实际值	2015 年目标值	2015 年实际值
海洋文化建设	海洋宣传与教育	文化事业费占财政总支出的比重	3.44%	不低于全省平均水平	超过全省平均水平
		涉海文化设施建设与开放水平	满足	开放水平进一步提高	满足
		海洋知识的普及与宣传活动	满足	进一步提升	满足
	海洋科技	海洋科技投入占地区海洋产业增加值的比重	≥1.76%	进一步提高	1.98%
		万人专业技术人员数	129	≥174	183 人
	海洋文化遗产	海洋文化遗产分类管理	满足	进一步提升	满足
		保护重要海洋节庆和海洋习俗	满足	进一步提升	满足
管理组织保障	海洋管理机构与规章制度	海洋管理机构设置	健全	健全	满足
		海洋管理规章制度建设	完善	进一步完善	满足
		海洋执法效能	无上级部门督办的违法案件	无上级部门督办的违法案件	满足
	服务保障能力	海洋服务保障机制建设	健全	进一步提升	满足
		海洋服务保障水平	具备	进一步提升	满足
		海洋环保志愿者队伍与志愿活动	满足	进一步提升	满足
	示范区建设组织保障	组织领导力度	满足	保持	满足
		经费投入	满足	符合	满足
		推进机制	满足	符合	满足

（1）统筹出台相关规定，规划管理有序推进

为进一步巩固国家级海洋生态文明建设成果，加快建设"生态旅游岛·漳南核心区"，进一步保护东山的海湾、海水、海岛、海滩、海岸资源（以下简称"五海"），先后出台《东山建设美丽的生态旅游海岛行动计划》、《"五海"资源保护实施方案》、《关于加强交通主干道两侧及海湾岸线规划建设管理的通知》、《"七个五"生态建设行动计划》、《2016年生态环境建设年实施方案》、《率先建成全国生态文明先行示范区实施方案》、《东山珊瑚礁保护管理办法》等具体实施文件，为加快全岛海洋生态保护与建设，经本届县党代会决议将其列入干好全县十项大事的内容文中。

（2）坚持综合治理，有效保护海洋生态

实施生态环境综合治理工程，抓好重点区域整治、重点海湾生态修复建设，有效保护生态环境，东山县的生态环境质量持续保持优良水平。具体包括：①开展东山示范区海洋生态环境监测，在东山近岸海域布设 5 个监测点开展趋势性监测，在全岛周边海域设立 17 个海水水质监测点，每季度取样分析海水质量指标并编写年终监测报告；②推进构建海洋生态安全格局，贯彻落实《国家生态文明试验区（福建）实施方案》，全省率先建立海洋生态保护红线制度，编制海洋生态保护红线和管控措施，为"保底线，促发展"提供有力抓手。

（3）发挥本土优势，建设海洋特色文化

以提升全民海洋生态文明素质为目标，扎实做好海洋文化挖掘、整合、提炼工作。①在保护中传承。致力挖掘和保护各类文化赋存，"东山歌册"入选国家级非物质文化遗产保护名录，"东山宋金枣"、"东山南音"、"黄金画"、"剪瓷雕"、"关帝文化信仰习俗"、"玉二妈文化信仰习俗"等入选福建省非物质文化遗产保护名录。②在整合中发展。整合利用"关帝文化"、"东山陆桥"、"南岛语族"、"贝丘遗址"等一批史前遗存和特色资源，着力打造海洋文化创意、关帝文化两大文化产业园，总投资 30 亿元的关帝产业园将建设关帝文化广场、关公雕塑、"印象·东山"大型室外实景文艺演出、五星级文化主题旅游饭店及海上文化酒吧一条街、旅游商业地产等项目；苏峰山海洋文化创意产业园区已有总投资 1 亿元的厦大东山太古海洋中心项目启动。修复黄道周故居，市民文化广场主体完工，文化馆晋升国家一级馆已通过评估。筹建东山国家级海洋公园，形成关心、爱护、监督海洋环境的浓厚氛围。③在弘扬中提升。大力弘扬谷文昌精神，建设谷文昌干部学院。借助关帝文化旅游节、三岛论坛、帆船文化节等特色节庆活动及发挥谷文昌精神发源地优势，在更大范围、更高层面弘扬本土特色文化，东山关帝文化旅游节成为国台办"重点对台交流项目"。

（4）开展海洋环保宣传，营造海洋保护深厚氛围

加强海洋环保宣传工作，创新海洋环保宣传机制。以开展"生态环境建设年"为契机，开展"5.22"国际生物多样性日、"4.22"世界地球日、"6.5"世界环境日、"6.8"世界海洋日、海洋防灾减灾宣传、海洋生物多样性保护宣传等一系列活动。充分利用电视、广播、报刊、网站等媒体和东山二中海洋生物标本馆等载体，广泛宣传海洋生态环境保护知识以及海洋环境保护、沿海防护林保护的法律法规和相关政策。加强宣传，组织开展海洋环境保护科技咨询活动，提高全民海洋环保意识，鼓励公众参与海洋环保监督管理。

在看到东山县海洋生态文明建设的成效的同时，我们也看到东山县海洋生态文明建设中的不足与困难。

（1）海岛生态系统比较脆弱，生态环境压力大

尽管东山县经过长期努力，生态建设取得可喜的成就，但是，由于东山县是地处沿海突出部的海岛县，各种自然灾害的影响频繁，给人民生命财产带来危害。要实现海岛经济社会的可持续发展，必须协调经济发展与保护生态环境的一致性，生态环境的质量高、安全性稳固，其承载能力相应则高，对于经济的可持续发展起着重要的作用。相反，生态系统不够稳定，容易遭到损害，环境改变则会对海岛的整个生态系统造成很大的影响，一旦生境遭到破坏就难以或根本不能恢复。

（2）海洋资源开发利用方式还比较粗放，可持续发展任务重

目前，东山县的经济结构总体上仍属于自然资源开发和劳动密集型的产业为主，全县海洋产业仍处于粗放型发展为主的初级阶段。传统的海洋渔业仍占主导地位，滨海旅游业、临港工业、港口物流业及新兴海洋产业等的发展处于初级阶段，海洋资源开发利用总体水平仍较低，综合效益不高，资源浪费、生态破坏等现象不同程度存在。东山岛优势资源是海洋与旅游资源，资源特征决定其承受环境压力的有限性，保持海洋资源特别是海洋生物资源的永续利用，就要求必须结合规划、政策、管理、工程等综合手段维护海洋生态环境健康，可持续发展任务繁重。

（3）经济总量较小，基础设施投入相对不足，科技文化基础有待提高

由于经济总量较小，财政对基础设施的投入相对不足，海洋开发投资主体小、分散，融资渠道少，开发规模小，使得在深水港区开发、渔港经济区建设、旅游接待设施建设等方面投入相对不足，影响全县海洋经济的发展后劲。另外，全县海洋科技整体水平较低，科技对海洋经济的贡献率不高，海洋科技人才匮乏、科技力量薄弱，难以满足海洋环保及经济快速发展的需要。

今后，东山县应继续推进海洋生态文明建设。

（1）强化典型海洋生态系统保护，构建生态安全体系

海岛生态系统是东山县海洋生态文明建设的基础。要通过观念更新、体制革新和技术创新等文明手段和生态规划、生态工程和生态管理等系统方法，提升海岛生态品质、维护海洋生态服务功能、维持海洋生物多样性、建立高效和谐的生态安全体系，夯实经济社会可持续发展的环境基础。

（2）优化产业结构布局，促进海岛生态型发展方式转变

依据东山岛陆域资源禀赋和海洋资源环境优势，以循环经济理念为指导，以提高经济增长质量和效益为中心，突出发展生态文化旅游、海洋水产、光伏及玻璃新材料三大产业，推动产业结构优化升级，积极引导经济发展方式的转变。

着力推进绿色发展、循环发展、低碳发展，用生态文明理念引导和促进海洋经济发展，提升海洋资源综合利用效率。以改善和保护环境为前提，优化以海水养殖业、海洋捕捞业为主的第一产业；以建立循环经济为目标，提升以建材工业、水产加工业等为主的第二产业；发挥资源优势，积极扶持以旅游业、港口物流业为主的第三产业；发挥科技带动作用，培育海洋战略性新兴产业。

第七章　发展与展望

第一节　国际大背景与发展战略

一、海上丝绸之路与海洋生态文明

2013 年 10 月 3 日，国家主席习近平在印度尼西亚国会发表题为《携手建设中国—东盟命运共同体》的重要演讲，在演讲中首次提出共同建设 21 世纪"海上丝绸之路"的号召，向全球表明了中国国家战略的重大调整以及新时期我国深化改革开放的重大举措与时代内涵。

在党的十八大报告中，提出了建设"海洋强国"的战略思想，这个重大战略是党中央严格把握时代特征和潮流，在结合当今国情国力，深刻总结了我国海洋发展历史和世界海洋强国海洋发展历史的基础上提出的具有重大战略意义的决策。中国的"海洋强国"战略是指：中国用和平的方法来发展海洋经济；保护海洋环境，维护海洋安全；从实际出发构建一个海洋大国，追逐具有中国特色的海洋强国之梦。"海上丝绸之路"是对"海洋强国"战略的进一步完善。"海洋强国"战略很难从人本层面解读中国的海洋战略，而建设"21世纪海上丝绸之路"战略则从构建利益共同体出发，力求共同认识海洋、利用海洋。[75]

20 世纪 60 年代之前，我国海域生态尚属正常，70 年代以来，由于现代工业、农业、养殖业及旅游业的快速发展，导致我国海域生态环境已经面临重要的问题。自 21 世纪以来，我国对海洋资源的开发利用不断加大，在给我国海洋经济带来飞速发展的同时，也使得海洋经济发展与海洋原有生态系统保护之间的矛盾更加突出。如果只顾及经济发展而忽略了海洋生态的保护，那么最终得到的这种所谓经济发展也只能是镜花水月的表象而已，不具有长久的生命力，长此以往，带来的只能是生态系统的失衡，进而殃及人类社会的文明进程，而且这种局面已经显现，并呈加剧之势。面对当今人类肆意开发海洋导致的一系列海洋问题，人类需要重新思考人与海洋的关系与定位，重新审视和构建新型的海洋文化，这就是要在重新审视开发海洋价值的基础上，融入人海和谐共生的理念，强化资源保护意识，促进资源高效利用，加快海洋产业的转型升级，全面推进海洋生态文明的建设，在保证海洋经济高效发展的同时，保护好海洋资源，从而使海洋经济发展获得更加持久的生命力。

人海和谐的基本内涵，就是人类在推进利用与开发海洋的大背景下，人类社会系统与海洋自然系统之间的相互协调和相互适应。也就是说，在海洋的开发利用中，要在遵循海洋生态特点和规律以及保护海洋生态资源与环境的前提下，满足和丰富人类对社会生活的需求。同时，对海洋生态系统加以优化培育和引导，既能适应自身的需求和行为，又能使人类摆脱海洋自身的供求限制，大幅度提升海洋可再生资源的改造和运转能力，满足人类不断发展的利益需求，从而实现人与海洋的协同发展。

21世纪是海洋的世纪，海洋逐渐成为人类生存与发展的第二空间，为人类的生存和发展提供重要的自然资源。人海和谐问题事关中国海洋生态文明建设的大局。可以说，没有人与海洋的和谐，就没有中国社会的和谐；同样，没有以人海和谐为基础的海洋生态文明，就难以体现全国生态文明建设的完整性。

二、"海上丝绸之路"战略背景下的海洋生态文明区建设

2001年，联合国缔约国正式提出"21世纪是海洋世纪"，海洋是全球气候的"温度表"和"调节器"，对于调节陆地上的气候具有重要的作用。世界海洋是一个流动性的整体，海洋问题具有扩散性和跨区域性，各个海洋区域的问题是彼此相连的。海洋对于世界各国的政治经济发展具有极其重要的作用，在21世纪，海洋仍然是国际政治、经济和军事斗争的重要舞台。在当前，国际社会中围绕海洋出现的问题持续升温，例如岛屿主权归属问题、海域界限划分等传统海洋安全问题以及海洋污染、跨国犯罪、海盗、海啸等非传统海洋安全问题等，持续不断地警醒我们，全世界人民需要团结起来去共同解决这些海洋问题，维护海洋安全与可持续发展[76]。

"21世纪海上丝绸之路"体现的生态问题主要是沿岸国家的海洋生态问题。海上丝绸之路周边国家多数为发展中国家，在节能减排和生态环境问题上都面临着一定的压力和困扰，如气候多变、陆地对海洋过量排放、海岸线的大量丧失、渔业资源枯竭和生态灾难频

发等。沿线的东南亚地区多表现为热带雨林气候和热带季风气候，地貌多为地震活跃区和高山熔岩，并分布着多条河流，现代社会快速的城市化和工业化发展使人类生存环境和自然生态环境受到严重污染，造成了水资源的破坏、空气的跨区域污染、热带雨林和生物数量锐减以及随着人口数量的膨胀对资源的消耗也在不断地飙升等问题。这些问题对该区域的可持续发展带来了严重的影响[77]。

海洋生态文明建设是一项利国利民的伟大事业，关系到人民群众的切身利益，更关乎一个国家的领土主权与安全。要针对海洋生态文明建设的现状，对其存在的问题进行分析，提出可行的建议与对策，进一步形成明确的战略取向，以保证海洋生态文明建设与发展战略的顺利实施。

（一）构建海洋污染预防与治理体系

由于海洋环境问题是全球性问题，在海洋污染防治方面，各国必须进行广泛密切的合作，通过合作采取共同的环境资源保护措施，实现保护海洋环境的目的。对于"海上丝绸之路"沿岸国家而言在海洋环境治理与海洋经济发展方面更是紧密相连的共同体，从根本上化解海洋环境矛盾就是在生态文明理念的引领和约束下，沿线各个国家和地区重新寻求经济利益与生态效益之间的平衡。但毕竟不同国家和地区的经济发展水平不同，利益诉求不同，要妥善处理好利益的分配、各国政策制度的衔接、统一平台机制的建设、经济与环境的关系等关键的节点。

具体而言，可以通过以下几条路径实现：①开展多种形式的环境合作。当前，中国和新加坡正合力打造生态城，中国与欧洲携手共建清洁能源中心，瑞士有关部门也在和贵州共同规划生态乡村蓝图，这些表明了多种形式的国际合作已经陆续展开。"海上丝绸之路"沿线各个国家和地区可以在陆域生态信息和海洋信息共享上合作与对接，共建沿线气候灾难综合防御体系；各国之间构建排污交易体系，严格控制污染物直接排放，重点划定几个区域，共建国际生态保护区；"海上丝绸之路"沿岸各国开展海洋渔业合作，顺应海洋生物的生长规律，共建休渔制度和进行渔业养殖合作，等等。通过多种形式的环境合作也有利于各国形成共同的环境利益。②构建环境利益共享机制。在"海上丝绸之路"建设中，沿线各个国家和地区已经形成了紧密联系的环境利益网，要加强这些国家之间的环境合作首先要协调好利益的分配与平衡。从资源开发中得到的收益可以拿出一部分来通过设立专项资金、帮扶资金等方式帮助资源少的国家和地区。发展较为落后和不发达国家要积极推动产业转型，构建新型产业体系。③积极推动环境制度创新。加强生态环境保护已经成为沿线各国和地区的共识，很多国家就如何更好地开发利用海洋资源和加强海洋环境保护设立专门的组织机构，制定专门的规章制度，形成自上而下有序的环境治理模式。由于各国和地区的环境政策安排是基于本国的环保需要而建立起来的，带有国别特色和区域特色，因此，各国的环境治理制度也缺乏沟通和衔接，各自为政。要积极推动"海上丝绸之路"沿线各国环境制度创新，加强各国政策规划的沟通衔接，要制定出共同治理生态环境的时间表和路线图，更好地指导各国形成一致的行动。面对着生态环境这一公共物品，在制度设计上针对不同的国家也要有所差异，发达国家应该积极承担更多的责任和义务，率先开展减排的示范，同时向发展中国家提供资金和技术上的援助。通过更加合理的制度安排，指导环境保护行动更有效率地开展。

（二）合理分工，构建现代化产业体系

协调推进环境与经济的发展，当今重启丝绸之路，除了继续承载着沿线各国经贸合作往来的传统重任外，还要坚持经济合作和人文交流共同推进，更重要的是要转变以往掠夺式的经济发展模式，建立完善的基础设施互联互通，通过开拓港口、海运物流和临港产业等领域合作，发展产业双向投资，共同建立产业转型升级运行机制。积极开展技术创新与合作，实施创新驱动，提高产业发展的技术含量，以先进技术推动产业结构升级，构建现代化产业体系，通过合理的产业分工体系，实现共赢。要走出一条经济与环境协调发展之路，使"海上丝绸之路"成为全球发展方式转变的典范。

第一，加强中国同东盟各国在沿海地区以及港湾地区建立的产业园区，例如推进中印度尼西亚的合作产业园、中越的东兴—芒街跨境经济合作区的建设等。通过建立国家间的产业园区，促进中国同东盟国家之间的产业合作升级，实现国家相互之间的产业优势互补，加强中国同东盟国家经济发展的依赖程度和紧密程度。

第二，加强中国同东盟各国的信息交流，促进中国—东盟信息产业合作。建设一个统一的中国—东盟信息交流中心，促进国家间信息共享和交流，加强中国同东盟各国的紧密联系。

第三，深化中国同东盟各国在农业、能源等方面的合作。加强各国在粮食、果蔬等方面的种植以及畜禽和水产品养殖方面的技术交流与合作，同时促进中国同东盟各国在农产品深加工以及石油、天然气等矿产资源和油气资源的勘探和开采方面的技术合作与资金合作，促进中国及东盟各国经济的共同发展。

（三）构建海洋风险防控应急响应机制

沿海地区海洋灾害发生的频率和灾害程度不断加大，对城市的影响也与日俱增。"海上丝绸之路"沿线各国需加强在海洋风险防控、海上航行安全、海上联合搜救、海洋防灾减灾等领域的合作，构建海洋灾害风险评估、重点防御区划定、海洋减灾能力综合评估、海洋灾害承灾体调查和警戒潮位核定为主要内容的防控体系，为保护沿海居民生命财产安全和经济发展成果构筑安全防线。

（四）加强对外互联互通基础设施建设

1. 加快"海上丝绸之路"交通设施建设

对外高速便利的互联互通基础设施建设是我国"海上丝绸之路"战略实施和开展的重要前提条件。对于加强"海上丝绸之路"的交通基础设施建设，可以从以下三个方面分别加以建设：首先，在海运方面，我们可以努力开拓并增加国际航海运输线路，同时增加航海运输的班次和密度，推进我国国内及沿"海上丝绸之路"线路上的各大港口建设，弥补这些重大港口的货物吞吐能力以及综合配套设施建设能力不足的缺陷，建设现代化的国际性枢纽港口。在陆运方面，我国同部分东盟、南亚等国家并没有直接的陆地接壤，因此，为大力全面加强我国对外海上丝绸之路基础交通设施建设，我们要加强基于海底隧道、海底公路、铁路以及跨界桥梁基础上的路上公路、高铁以及口岸等基础交通设施建设，形成更加便捷的交通网络。在航空运输方面，推动较大的国际性机场的扩建工程顺利开展，例如我国的白云国际机场。在扩大机场规模的同时，也要扩大这些机场的货物和人员的吞吐能力，增强较大国际机场的航空运输的重要枢纽的功能。

2. 加强以管道为主的能源运输设施建设

海上丝绸之路沿线上的许多国家都是能源大国，例如马来西亚的石油资源储备丰富，它是传统的产油大国，也是国际上向世界其他各个国家和地区输送石油、天然气等资源的输出大国，又比如缅甸的天然气资源相当丰富等。我国要缓解国内资源紧张的状况，就要同这些资源大国进行积极的资源合作，而管道是运输这些油气资源的重要途径，因此，加强我国同这些国家管道连接建设势在必行，同时要提高管道建设的科技水平，对我国的对外资源引进战略具有十分重要的意义。

3. 加大通讯、光缆传输、监测等基础设施建设

21 世纪是信息化高速发展的世纪，我国要加大对外开放的力度就要加大对外信息基础建设。我国要加大对通讯、光缆传输以及监测等信息基础建设的投资力度，用高新技术手段加强我国同周边国家的联系。例如，我国拥有技术较为成熟的北斗星导航系统，我们要加强同东盟各国的战略合作，共同建设与北斗卫星导航系统相匹配的地面网络站，同时，我国可以帮助东盟等国建立热带海洋环境监测站，为这些热带海洋国家的气象预报、救灾减灾等提供检测和预报。

第二节 推进海洋生态文明区建设的对策与建议

一、完善海洋生态文明建设的评估监测体系

针对海洋生态文明评估指标体系构建一个覆盖全面、组织有序、高效运转的监测体系，是海洋生态文明建设的基础保障。

（一）创新发展监测业务能力和技术水平

一要从海洋生态文明建设的总体部署中找准监测体系构建的定位，凸显海洋生态文明评估监测的特色；二要从沿海各级政府的管理要求、广大社会公众的民生需求中明确具体目标，完善业务发展的战略部署；三要从国内外先进理论、成功经验和典型案例中吸取多元化营养，补足短板。海洋生态文明评估监测体系本身也有相应的科学理论体系，重新深入研究这些理论，对于解决长期困扰监测时空代表性问题、监测资源集约节约利用问题等，具有重要的支撑作用。

（二）加强监测评价技术规范和标准体系建设

一是重要监测技术的标准化，特别是海洋生态环境在线连续监测技术、海洋生物多样性监测技术等还很不健全，已成为影响监测业务拓展的重要因素，需加快标准化进程；二是海洋生态环境评价和预警技术的标准化，有关海洋资源环境承载能力的评估和预警技术、海洋灾害和突发事件风险评估和预警技术、海洋生态价值评估技术等，都是当前工作急需

的技术标准；三是海洋生态环境监测技术路线的规范化，通过分类建立规范化的海洋环境质量监测、生物生态监测、环境风险监测、环境承载力监测等的技术路线，把监测方案设计、业务工作流程、质量控制措施落实等均纳入技术规范化管理体系。

（三）搭建培训交流新平台，为能力水平整体提升奠定坚实基础

海洋生态文明评估监测从理论到关键技术进入了快速发展的新阶段。为此，定期开展多层次、多领域的基础理论、关键技术和现场作业等业务交流培训是宣传贯彻新的理论和技术、促进各级监测机构技术水平共同提升的关键。一方面，组织各级监测机构的技术骨干和技术支撑部门的专家学者，抓紧编制海洋生态文明评估监测的理论和技术培训教材；另一方面，大力开展与各级监测机构的协同技术攻关，合作建设区域性示范监测和技术辐射基地，以项目带动各级监测机构全程参与新方法和新技术的研发和标准化。

二、进一步健全海洋生态文明规划体系，优化海洋与海岸带空间布局

（一）陆海统筹，整合海岸带空间规划

陆海统筹是指从陆海兼备的国情出发，在进一步优化提升陆域国土开发的基础上，以提升海洋在国家发展全局中的战略地位为前提，以充分发挥海洋在资源环境保障、经济发展和国家安全维护中的作用为着力点，通过陆海资源开发、产业布局、交通通道建设、生态环境保护等领域的统筹协调，促进陆海两大系统的优势互补、良性互动和协调发展，增强国家对海洋的管控与利用能力，建设海洋强国，构建大陆文明与海洋文明相容并济的可持续发展格局。

陆海统筹，要实现对海岸带资源配置的统一规划与控制，合理控制近岸海域资源的开发强度，推进产业布局、城乡规划、土地利用规划、港口规划与海洋功能区划相衔接，引导海洋产业布局优化，实现海洋资源的有效利用以及生态环境的保护，达到经济效益、社会效益以及生态效益的统一。加强沿海地区行业规划、空间规划之间相互衔接，协调利益主体用海用地矛盾，构建陆海协调发展规划体系，统筹陆海设施共建共享，推进陆海污染联防联治，提升陆海资源环境承载力。

强化陆海资源协调开发。综合评价陆海资源环境承载能力与开发利用适宜性，科学规划，合理定位，协调陆海功能布局，统筹陆海开发与保护配置，明确岸线生产与生活分工，

节约集约用海用地，严格实施围填海年度计划制度，遏制围填海增长过快的趋势，保证陆海生产、生活、生态空间格局基本稳定，保持海陆生态系统完整性。

（二）以海岸带综合利用规划为抓手

海岸带综合利用规划以海岸带空间管制作为核心任务，以促进海岸带开发和保护协调发展、生态及环境资源的可持续利用作为重点，重点从区域经济发展出发，梳理陆域、岸线和海域的关系，进一步加强海岸带综合管理，有效解决海岸带地区面临的开发与保护问题，提出集规划管制政策、岸段发展引导、空间分类管制为一体的规划管制体系，为政府制定有关政策提供依据。

海岸带综合利用规划的编制以自然基础条件和海岸带开发利用现状为基础，以海洋功能区划、主体功能区划等相关规划为依据，在满足生态环境保护和资源环境承载力前提下，实现社会经济发展的用海需求，最终划分出海岸带基本功能分区，并制定出不同空间功能分区的开发与保护措施（图7-1）。

通过规划的编制与实施，实现海岸带地区陆海统筹，以海岸线为纽带，以湾区经济发展为重点，统筹陆域海域保护利用格局，同步强化陆海生态保护与污染防治，有序推进岸线开发与陆域建设，实现陆海空间统筹发展、协调布局、互惠互利、共建共赢。

三、进一步健全海洋生态文明制度体系

虽然我国海洋生态环境保护方面的立法数量繁多，但是在有些领域仍然不能满足需求。我国目前的海洋立法仍然属于部门立法，没有一个统领海洋事业发展的法律。马英杰等[78]认为，对海洋生态文明建设立法中存在的问题亟须通过完善海洋环境保护法律体系、加强海洋管理机构的组织立法、完善海洋生态补偿的法律制度和海洋环境公益诉讼的救济法律制度等的相关立法来予以解决。

（一）海洋环境保护法律体系的完善

首先，修改《宪法》，增加其有关海洋和环境权的内容。在《宪法》中加入对海洋和环境权的规定，我国今后海洋生态文明的建设就有了明确的宪法保障。其次，加强《海洋环境保护法》及其相关法规体系的建设。应着重增加"海洋生态保护"的有关内容，推进《海洋生态文明建设示范区条例》的出台。在示范区内，培育与发展海洋生态产业集群，

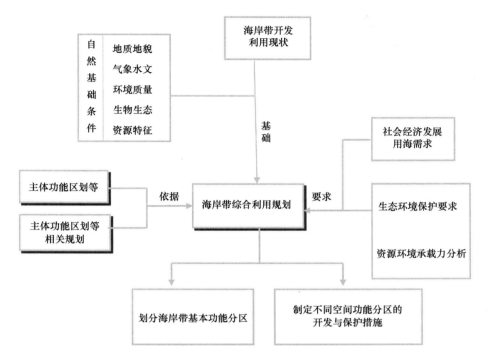

图 7-1　海岸带综合利用规划编制思路

最为核心的是要贯彻循环经济的发展理念，促进海洋循环经济的发展。此外，海岸线保护方面的规定和滨海设施管理的规定等的立法工作也需要尽快出台。

（二）加强海洋管理机构的组织立法

依照我国传统的海洋管理方式，涉及的管理部门有国家海洋局、交通部、农业部、边防、海关、军事等 20 多个，应建立一个国务院海洋综合管理机构，作为协调国务院有关部门和沿海地方各级人民政府之间海洋环境保护工作的专门机关。

（三）进一步完善海洋生态补偿的法律制度

完善海洋生态补偿法律制度，关键在于明确界定海洋生态补偿的范围、主体、对象及具体标准、方式，落实相关配套的条例和规章，并完善海洋生态损害的司法救济途径。

（四）完善海洋环境公益诉讼的救济法律制度

《海洋环境保护法》第九十条第二款虽然明确提出主管机关可以提起海洋生态损害索赔诉讼，但是实践中仍存在一定的不足之处。因此，我们应该进一步明确"重大损失"的认定标准，并且扩大索赔范围。因为造成海洋生态损害的类型多方面，包括陆源污染物、海洋石油勘探开发、海岸及海洋工程建设项目、倾倒废弃物等。此外，还应扩大海洋生态损害赔偿的索赔主体。

参考文献

[1] 盖维懿.马克思主义生态伦理思想对我国生态文明建设的指导意义[D].齐齐哈尔:齐齐哈尔大学,2015.

[2] 李悦.基于我国资源环境问题区域差异的生态文明评价指标体系研究[D].武汉:中国地质大学,2015.

[3] 国家海洋局.中国海洋统计年鉴 2015.北京:海洋出版社,2016.

[4] 国家海洋局.2016 年中国海洋环境状况公报.2017.

[5] 卞文娟.生态文明与绿色生产[M].南京:南京大学出版社,2009.

[6] 陈家宽,李琴.生态文明:人类历史发展的必然选择[D].重庆:重庆出版社,2014.

[7] 小约翰·柯布.文明与生态文明.李义天译.马克思主义与现实,2007,(06).

[8] 陶跃宏.国外生态文明建设的启示[J].辽宁行政学院学报,2014,16(12):161-162.

[9] 李晓明.生态马克思主义之生态观探论[J].前沿,2011,8:183-187.

[10] 廖海平.生态马克思主义理论及其价值探讨[J].重庆科技学院学报(社会科学版),2011,15:18-20.

[11] 刘仁胜.生态马克思主义发展概况[J].当代世界与社会主义,2006,3:58-62.

[12] 赵海月,金东梅,马晓明.生态马克思主义与生态文明建设[J].学习与探索,2011,6:34-36.

[13] 邹慧君.生态马克思主义对我国生态文明建设的价值观照[J].南京政治学院学报,2016,32(3):137-139.

[14] 彭朝花,李长学.生态马克思主义视野下生态危机根源及其启示[J].理论界,2016,7:7-13.

[15] 王宏斌.西方发达国家建设生态文明的实践、成就及其困境[J].马克思主义研究,2011,3:71-75.

[16] 赵成.生态文明的兴起及其对生态环境观的变革[D].北京:中国人民大学,2006.

[17] 张学泮,鲁兵.生态文明读本[M].海口:南方出版社,2008.

[18] 刘宗超.生态文明观与中国可持续发展走向[M].北京:科学技术出版社,1997.

[19] 陈墀成,余玉湖.生态文明建设视野下的马克思主义中国化[J].辽宁大学学报(哲学社会科学

版),2014,42(1):39-46.

[20] 宋宗水.生态文明与循环经济.[D].北京:中国水利水电出版社,2009.

[21] 林仕尧.中国传统生态思想与生态文明建设[J].唯实,2008,(6):36-38.

[22] 罗丹妮,杨少龙.西方生态社会主义与中国传统生态思想的比较与启示[J].价值工程,2015,5:321-323.

[23] 王树义,黄莎.中国传统生态伦理思想的现代价值[J].法学评论,2005,5:85-90.

[24] 王玉宝,邢爱红.中国特色社会主义生态文明建设思想及其实践路径[J].太原城市职业技术学院学报,2016,4:143-144.

[25] 毛明芳.中国特色生态文明的理论定位、特质与建构[J].中国井冈山干部学院学报,2010,3(1):33-38.

[26] 赵凌云,夏梁.论中国特色生态文明建设的三大特征[J].学习与实践,2013,3:50-56.

[27] 熊玉坤,刘兆华.中国特色生态文明建设的科学内涵及时代价值[J].边疆经济与文化,2013,1:51-52.

[28] 崔双龙.试论中国特色生态文明模式的构建[J].中共四川省委党校学报,2013,2:63-67.

[29] 李博.生态学[M].北京:高等教育出版社,2000.

[30] 沈国英,黄凌风,郭丰,等.海洋生态学[M].北京:科学出版社,2010.

[31] 孙彦泉,蒋洪华.生态文明的生态科学基础[J].山东农业大学学报(社会科学版),2000,2(1):45-49.

[32] 于贵瑞.生态系统管理学的概念框架及其生态学基础[J].应用生态学报,2001,12(5):786-793.

[33] 刘贵清.循环经济的生态学基础探究[J].生态经济,2013,9:106-109.

[34] 李乃胜.中国海洋科学技术史研究.北京:海洋出版社.2010.

[35] 林华东."海上丝路"的影响与启示.人民日报,2014-10-19.

[36] 洪富忠,汪丽媛.元朝海禁初探[J].固原师专学报(社会科学版),2004,1(25).

[37] 吴长春.清代"海禁"对中国航海事业的影响[J].大连海运学院学报,1992:18(3).

[38] 赵宗金.人海关系与现代海洋意识建构[J].中国海洋大学学报(社会科学版),2011,(1).

[39] 崔凤,宋宁而.海洋社会学英文译名辨析——以人类海洋开发活动变迁为视角的考察.社会学评论,2013:1(3).

[40] 高乐华.我国海洋生态经济系统协调发展测度与优化机制研究[D].青岛:中国海洋大学,2012.

[41] 高艳.海洋综合管理的经济学基础研究——兼论海洋综合管理体制创新[D].青岛:中国海洋大学,2004.

［42］ 张继民,刘霜,唐伟,等.海洋生态脆弱性评估理论体系探析[J].海洋开发与管理,2009,26(8):30-33.

［43］ 丁继敏.浅析生态文明的科学内涵及特征[J].兰州工业学院学报,2009,16(4):68-71.

［44］ 刘明.陆海统筹与中国特色海洋强国之路[D].北京:中共中央党校国际战略研究所,2014.

［45］ 郁珊珊.城市滨海环境景观设计表现海洋文化初探[D].南京:南京林业大学,2007.

［46］ 袁红英.海洋生态文明建设研究[M].济南:山东人民出版社,2014.

［47］ 王连芳.福建海洋生态文明系统模型构建研究[J].西北工业大学学报(社会科学版),2015,25(4):1-5.

［48］ 陈建华.对海洋生态文明建设的思考[J],海洋开发与管理,2009,4:40.

［49］ 高之国.中国海洋发展报告(2014)[M].北京:海洋出版社,2014.

［50］ 杜强.推进福建海洋生态文明建设研究[J].福建论坛(人文社会科学版),2014(9):132-137.

［51］ 安明霞,苏小明.生态文明消费模式构建探微[J].学习论坛,2015,31(2):52-26.

［52］ 唱彤.流域生态分区及其生态特性研究——以滦河流域为例[D].北京:中国水利水电科学研究院,2013.

［53］ 陈小燕.河口、海湾生态系统健康评价方法及其应用研究[D].青岛:中国海洋大学,2011.

［54］ 谢恩年.海湾生态系统健康诊断与预警对策研究——以莱州湾为例[D].青岛:中国海洋大学,2009.

［55］ 陈凤桂,王金坑,方婧,等.海洋生态文明区评估方法与实证研究[J].海洋开发与管理,2017,34(6):33-39.

［56］ 张裕东,海域矿产资源型资产产权效率研究[D].青岛:中国海洋大学,2013.

［57］ 庄思哲,白福臣.中国海洋生物资源现状及可持续利用对策[J].产业与科技论坛,2012,11(19):21-23.

［58］ 李姗.滨海旅游资源分类与评价研究[D].曲阜:曲阜师范大学,2016.

［59］ 新浪财经,http://finance.sina.com.cn/roll/2016-01-26/doc-ifxnuwfc9508381.shtml.

［60］ 申立.海洋发展与沿海城市空间组织演化及区县管理研究[D].上海:华东师范大学,2013.

［61］ 廖丹.海岸带开发的生态效应评价研究——厦门湾为例[D].海口:海南大学,2010.

［62］ 刘康,霍军.海岸带承载力影响因素与评估指标体系初探[J].中国海洋大学学报(社会科学版),2008(4):8-11.

［63］ 金建君,挥才兴,张灵杰.我国海岸带资源可持续发展的内涵及对策[J].海洋科学,2002,26(5):28-30.

［64］ 陈凤桂,王金坑,蒋金龙.海洋生态文明探析[J].海洋开发与管理,2014,31(11):70-76.

［65］ 樊杰.主体功能区战略与优化国土空间开发格局[J].中国科学院院刊,2013,28(2):193-206.

［66］ 朱心科,金翔龙,陶春辉,等.海洋探测技术与装备发展探讨[J].机器人,2013,35(3):376-384.

［67］ 厉丞烜.海洋生态文明建设关键技术探究[J].海洋开发与管理,2013,(10):51-58.

［68］ "中国海洋工程与科技发展战略研究"项目综合组.世界海洋工程与科技的发展趋势与启示[J].中国工程科学,2016,18(2):126-130.

［69］ 吴峥.开发海洋油气资源,破解中国能源窘境[J].中国经济信息,2015(20):48-49.

［70］ 罗国亮,职菲.中国海洋可再生能源资源开发利用的现状与瓶颈[J].经济研究参考,2012(51):66-71.

［71］ "中国海洋工程与科技发展战略研究"海洋生物资源课题组.蓝色海洋生物资源开发战略研究[J].中国工程科学,2016,18(2):32-40.

［72］ 吴爱存.中国港口的产业集群研究[J].长春:吉林大学,2015.

［73］ 尤小明.工程项目后评估研究[D].重庆:重庆大学,2005.

［74］ 2015年厦门市海洋环境质量公报,http://www.xmepb.gov.cn/zwgk/ghcw/hjzlgb/201606/t20160607_1338908.htm.

［75］ 赵泓博.21世纪海上丝绸之路——对海洋强国战略的影响研究[D].兰州:西北师范大学,2015.

［76］ 李鹏.新时期中国海洋外交战略[D].石家庄:河北师范大学,2014.

［77］ 韩博.一带一路"战略的生态伦理研究[J].沈阳师范大学学报(社会科学版),2016,40(1):52-55.

［78］ 马英杰,尚玉洁,刘兰.我国海洋生态文明建设的立法保障[J].东岳论丛,2015,36(4):176-179.